大型地下综合交通枢纽

光谷广场综合体设计实践

熊朝辉 周 兵 著

华中科技大学出版社
http://press.hust.edu.cn
中国·武汉

内容简介

　　本书是关于大型地下综合交通枢纽——光谷广场综合体设计实践的总结，全面记录了光谷综合体方案的形成及设计的具体内容。在设计过程中，设计师为将方案做到最优，不断解决设计过程中出现的诸多问题，并提出了较好的解决方案。光谷广场综合体的建成，为大型综合交通枢纽设计提供了新的思路，部分设计理念已在其他项目中得到运用。本书内容都是设计的第一手资料，十分宝贵。

图书在版编目(CIP)数据

大型地下综合交通枢纽：光谷广场综合体设计实践 /熊朝辉, 周兵著. —— 武汉 : 华中科技大学出版社，2023.5
ISBN 978-7-5680-9580-8

Ⅰ.①大⋯ Ⅱ.①熊⋯ ②周⋯ Ⅲ.①广场 – 建筑设计 – 研究 – 武汉 Ⅳ.①TU984.18

中国国家版本馆CIP数据核字(2023)第103815号

大型地下综合交通枢纽：光谷广场综合体设计实践	熊朝辉　周兵　著

Daxing Dixia Zonghe Jiaotong Shuniu ：Guanggu Guangchang Zongheti Sheji Shijian

策划编辑：金　紫　　　　　　　　　　　　　　　　　责任编辑：周江吟
封面设计：天津清格印象文化传播有限公司　　　　　　责任监印：朱　玢

出版发行：华中科技大学出版社（中国·武汉）　　　　电话：(027)81321913
　　　　　武汉市东湖新技术开发区华工科技园　　　　邮编：430223

录　　排：武汉东橙品牌策划设计有限公司
印　　刷：湖北新华印务有限公司
开　　本：787 mm × 1092 mm　1/16
印　　张：15.5
字　　数：343千字
版　　次：2023年5月第1版第1次印刷
定　　价：148.00元

序

　　光谷广场又名鲁巷广场，六条道路汇聚一处，位居武汉东湖新技术开发区"咽喉"，周边分布华中科技大学、中国地质大学、中南民族大学等高校，以及武汉邮电科学研究院有限公司、中国电力科学院武汉分院、中国船舶重工集团公司七〇九研究所等高科技研发单位。光谷广场成为代表华中地区高科技发展的地标。

　　武汉地铁 2 号线一期工程在规划建设时，考虑光谷广场未来发展的不可预见性，将工程终点光谷广场站设置于广场外的虎泉街。2012 年底，武汉地铁 2 号线一期工程通车后，光谷广场站日均客流骤升至 26 万人次，高峰小时突破 2 万人次，远远超过预测客流。为此，政府适时启动武汉地铁 2 号线南延线工程，在解决光谷地区出行问题的同时，疏导地铁光谷广场站客流，降低运营管理风险。

　　光谷广场直径 300m，6 条道路呈放射状分布，规划有珞喻路和鲁磨路两条下穿市政隧道，武汉地铁 2、9、11 号线 3 条地铁线路也下穿广场，并设置大型换乘枢纽车站。工程交叉关系复杂，是光谷广场综合体最大的挑战。东湖新技术开发区管理委员会和武汉地铁集团有限公司明确投资分摊比例后，光谷广场转盘下的空间不做商业用途成为共识，有效推进了技术研究进程。

　　3 条轨道集中换乘的"地下大型综合枢纽 +20 多条地面公交集散 + 周边大型商业体"，40 万人次 / 日的集散客流，体现出了人多这一重要特点！光谷广场综合体设计尝试了多种地铁换乘平面布局组合，一直坚守着快进快出、疏散便捷的核心理念，竭力维护地面景观，努力保持大众对光谷广场的美好记忆。

　　幸运的是，设计师们成功掌握了工程技术的关键，光谷广场综合体工程在直径 200m 圆盘范围内，通过地下三层空间打造了汇集 "一圆"（地面交通环岛）、"两隧"（鲁磨路、珞喻路市政隧道）、"三线"（地铁 2、9、11 号线）、"四站"（2、9、11 号线光谷广场站及珞雄路站）、"五行"（"金、木、水、火、土"5 个下沉庭院式出入口）、"六路"（珞喻路、珞喻东路、鲁磨路、民族大道、光谷街、虎泉街）特色的城市中心超大型地下综合体。该工程集地下综合交通枢纽、商业开发于一体，成功解决了光谷广场的交通拥堵问题，实现了与周边地块互联互通，践行了以人为本、集约高效、绿色低碳的建设思想，显著提升了城市中心的交通功能和环境品质。

　　本书共分为 10 个章节：熊朝辉负责全书构思与总成；项目设计总体负责人周兵完成综述、规划与建设条件、结构与隧道设计、科技成果与示范等内容，并开展了大量的组织协调工作；兰娟女士负责总体与建筑设计部分的素材提供，并承担起成书阶段协调与美化工作；暖通专家邱少辉，在项目排烟与地下环境品质提升方面提供了卓越的技术方案，通风空调与节能设计方面的内容正是其心血体现；作为智慧城轨前沿技术的先锋，杨超为本项目 BIM 协同设计倾注了极大的热情，BIM 章节映衬了他的努力与创新精神；

此外，还要感谢李佳祎、王蕾、夏东、单琳、郭磊、郑燕、黄丽、李庆、张扬等同志为本书做出的努力与贡献，使得我们的工作成果更加丰富和精彩。一并感谢武汉地区各领域专家、武汉地铁和铁四院同仁对我们工作的关爱与支持。

本书作为严谨的设计总结，可供同行交流，就像已成为城市新地标的"星河"雕塑，承载着"继往开来"的祝福：东湖新技术开发区的明天更美好，武汉每天不一样！

现场参观照片

目 录

CONTENTS

鲁磨路

在鲁磨路隧道及地铁9号线下方敷设过街箱涵

规划道路边线
规划电力管沟为（局部迁改）
规划电信管群（局部迁改）
DN200规划燃气管道（新建）
d1350规划给水管道（局部迁改）
d500规划给污水管道（新建）
规划道路中线

规划道路中线
d500规划给污水管道（新建）

LMD+800
LMD+900

LMD+200

LMD+530
敷口段设计止点
埋埋段设计起点

LMD+100

LMD+200

LMD+300

LMD+400

LMD+500

LMD+600

LMD+700

LMD+800
埋埋段设计止点
敷口段设计起点

LMD+900

民族大道

规划道路边线
规划电力管沟（局部迁改）
规划电信管群（局部迁改）
d1000规划雨水管道（新建）
DN400规划雨水管道（新建）
d500规划污水管道（局部迁改）
DN600规划给水管道（局部迁改）
DN400规划给水管道（局部迁改）
规划道路中线

珞喻路东段

规划给污水管道

光谷街

Chapter 1
综　述

1 项目背景

交通现状

　　武汉光谷广场建成于 2001 年，位于洪山区鲁磨路、民族大道、虎泉街、珞喻路、光谷街等 6 条道路的交会处，交通环岛自然形成景观性转盘。光谷广场原名鲁巷广场，后随着高新技术产业的兴起而得名。21 世纪以来交通环岛周边发展迅速，作为武汉市 3 大城市副中心之一，光谷广场从重要的交通节点，跃升为东湖新技术开发区的商圈核心，是集交通集散、休闲购物、办公居住等复合功能于一体的综合性区域（图 1.1）。

　　自改革开放以来，我国中部地区高科技产业高速发展，带来了光谷城市副中心爆发式发展，光谷广场区域高峰日车流量达 15 万辆，人流量达 80 万人次，地铁 2 号线一期工程终点光谷广场站客流量常年稳居全网之首，节假日进出客流量达到 27.28 万人次（图 1.2、图 1.3）。因此，光谷广场面临突出的交通问题：道路及配套交通设施资源难以满足城市交通发展需求，到发与过境车混流、人车混行，交通堵塞严重，整个区域内车行与慢行交通均面临巨大安全隐患。

图 1.1　光谷交通环岛鸟瞰图

图片来源：http://www.lvmama.com/lvyou/photo/d-wuhan199.html?timer=tc

图 1.2 节假日期间光谷广场   图 1.3 光谷综合体周边及轨道交通 2 号线高峰时刻客流情况

图片来源：https：//www.sohu.com/a/65053197_345268   图片来源：httpsmp.weixin.qq.com

项目规划与任务

为解决日益严峻的交通问题，政府相关部门决定延长轨道交通 2 号线，增加地铁在光谷广场及东湖新技术开发区覆盖，缓解城市轨道交通末端车站集中客流的压力，同时将规划中的光谷广场交通枢纽同步设计建设，消除安全隐患。

光谷广场区域交通规划建设 2 条市政下穿隧道（沿珞喻路方向和沿鲁磨路—民族大道方向）、3 条轨道交通线路（2、9、11 号线）以及地下公共空间（图 1.4）。

枢纽工程拟保留地面交通环岛的同时，通过 3 条地铁线、4 座地铁车站（含 2 号线南延线珞雄路站）相互连通疏导地铁客流；通过 2 条市政隧道分离过境车流；提供环岛地下专用非机动车通道将人车分离；地下空间整体连通，提高人行交通与商业服务品质。

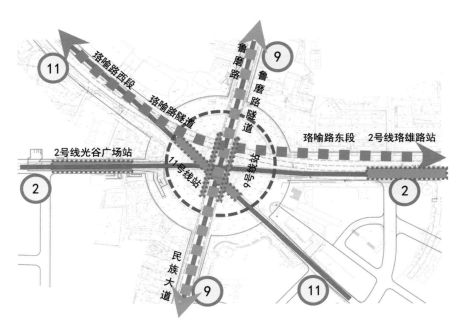

图 1.4 光谷广场规划交通线路

如此一来，如何在有限空间内利用稀缺土地资源，突破交通瓶颈，实现机动车、非机动车、地铁、行人顺畅运行并实现与周边各地块地下空间互联互通，实现功能最优，成为设计面临的最大挑战。

项目的主要任务目标是：

① 解决城市中心节点的车行交通拥堵问题；

② 解决机动车、非机动车、行人混行的矛盾；

③ 构建快速便捷轨道交通；

④ 实现与周边地块连接，形成开放、共享的地下空间。

在武汉地铁集团有限公司的领导下，在武汉市规划研究院和武汉市交通战略研究院的配合下，项目组在原规划方案基础上，展开了为期2个月的技术方案研究，上报的研究成果获得了武汉市政府及各部门的一致认可，并迅速进入实施程序。

2 工程概况

光谷广场综合体工程主要包含交通枢纽和商业开发，总建筑面积约160000m²（图1.5），主要由以下部分组成：

① 2号线南延线、9号线、11号线共3条地铁线、4座车站；

② 珞喻路、鲁磨路2条市政隧道；

③ 地下公共空间、地下非机动车环道和通道工程。

地铁线路有3条，其中2号线南延线呈东西走向，敷设于虎泉街—珞喻东路道路下方；9号线呈南北走向，敷设于鲁磨路—民族大道道路下方；11号线呈西北至东南走向，敷设于珞喻路—光谷街道路下方。

市政隧道有2条，其中珞喻路隧道沿东西方向从地下穿越，鲁磨路隧道沿南北方向从地下穿越，均为双向6车道。地面珞喻路、珞喻东路、鲁磨路、民族大道、光谷街、虎泉街六路交会，构成交通环岛。

综合体主体工程为地面直径200m转盘＋道路＋出入口；地下一层为地铁站厅及地下公共空间，地下一层夹层为地铁9号线站台（绝对标高在地铁站厅之上）、鲁磨路下穿隧道及非机动车环道；地下二层为珞喻路下穿隧道、地铁2号线南延线区间、地铁换乘厅及设备管理用房；地下三层为11号线站台层。

项目工程可行性研究报告、初步设计分别于2015年8月、2015年10月获湖北省发展和改革委员会批复，总投资57.8亿元人民币。工程于2019年9月竣工，同年12月通过验收，工期为60个月。其中，2号线南延线区间、珞喻路隧道、鲁磨路隧道于2019年开通运营，地下非机动车环道于2020年投入使用，地下一层公共大厅将与在建11号线二期工程同步开通。

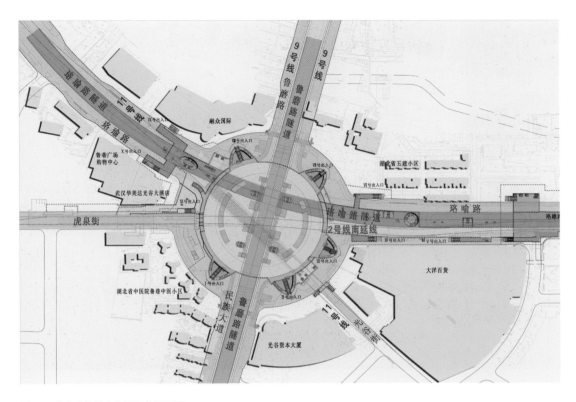

图 1.5 光谷广场综合体工程总平面图

3 工程建设管理团队

工程建设管理团队如下：武汉地铁集团有限公司是此项目建设管理单位；中铁十一局集团有限公司是工程项目承建方；中铁第四勘察设计院集团有限公司（以下简称铁四院）是设计总包单位；武汉市政工程设计研究院集团有限公司承担了转盘范围外隧道、道路等设计；武汉市园林建筑规划设计院承担了地面景观设计；羿天设计集团有限责任公司承担了室内装饰设计；湖北美院文化发展有限公司负责组织提供了地面"星河"雕塑方案。建成后的光谷广场综合体工程见图1.6。

4 技术挑战

该项目面临的首要挑战是空间整合创新，其次是施工与交通协调，最后是运营维护保障。

空间整合创新

该地区地面交通拥堵频繁，人车混行严重，交通组织困难，周边地块相互割裂，公用空间匮乏，亟须研究一个在有限空间内同时实现各类型交通（机动车、非机动车、地铁、行人）顺畅通行、与公共空间互联互通、环境品质舒适宜人、内外景观融合的超大型地下交通枢纽综合体一体化解决方

图 1.6 光谷广场综合体工程鸟瞰图

案。工程集地铁、市政隧道、非机动车地下环道、商业开发于一体，5 条交通线路在地下三层空间内交会，并以交通节点为中心，向周边辐射，与运营地铁 2 号线光谷广场站、周边地下空间、商业广场相互连通（图 1.7）。

这样的超大型地下网络空间，其规模和复杂程度属于国际罕见，地下多种交通线路交错、多维空间交互、多重功能复合，国内外尚无成功经验和成熟技术可供借鉴。超大型地下综合体的空间整合必须依赖于规划、设计、建设、管理的全方位创新。

施工与交通协调

综合体工程总建筑面积约 160000m²，基坑面积约 100000m²，土方开挖总量约 1800000m³。工程主体主要采用多跨框架结构，最大跨度 26m，最大净高 10.5m。结构工程跨度大、分层多、受力转换复杂。

由于地面交通拥堵，没有更多的疏解道路分流，地下管线密集，周边高楼林立，既要以直径 200m 圆形环岛保障 6 条道路交通在施工期不中断，同时还要依靠直径 200m 圆盘用地解决施工场地条件有限、组织困难的问题。苛刻的建设条件，给工程安全建造带来了巨大风险，同时对地面交通安全运行也提出了挑战，亟须创新设计建造理论和工法。

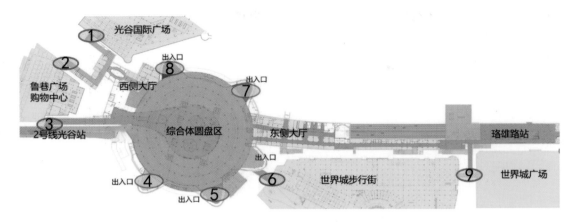

图 1.7 光谷综合体与周边地下建构筑物关系示意图

运营维护保障

地下综合交通枢纽和商业开发全部投入运营后，综合体空间运营管理将迎来各类海量交通流量冲击，安全运营要求地下空间环境保障措施完善充分，需要克服设备繁多、分布范围广、运行工况复杂等种种困难，并有序组织运营。绿色、智能的运维系统引入机电设备系统成为必需。

5 创新探索与实践

设计与业主单位、施工单位围绕诸多难题与挑战共同研究，提出了一系列创新解决方案，并纳入工程实践，取得了较理想的效果。

城市中心地下交通枢纽功能一体化解决方案

构建互联互通、三环层叠、多线放射交通体系（图1.8）：地面机动车环道、地下非机动车环道、地下大厅人行环道形成三环层叠公共空间；2条市政隧道、3条轨道交通线组成放射骨架；顺畅通行和立体分流结合，整合地下空间与周边各地块互联互通，开拓解决城市中心节点交通建设与高效整合稀缺城市空间的新思路，达到资源利用集约化。

其中，设计研究中总结出一条重要的经验，就是将所有同方向轨道交通与市政隧道归并为一层，将不同方向的交通线路分层立交，这是最节省空间和工程投资的设计方法。大道至简，简单的空间结构最为合理。

同时，设计中引入城市轨道交通中罕用的倒厅（地下车站，站台在站厅之上）处理措施，因地制宜解决了地铁布局与换乘、工程立交等诸多难题，就像一把金钥匙，打开了成功之门。

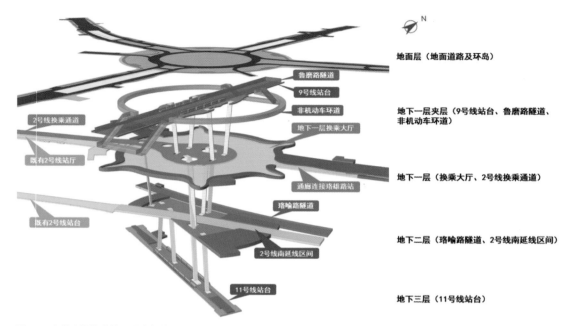

地面层（地面道路及环岛）

鲁磨路隧道
9号线站台
非机动车环道
地下一层换乘大厅

2号线换乘通道

地下一层夹层（9号线站台、鲁磨路隧道、非机动车环道）

既有2号线站厅

通廊连接珞雄路站

地下一层（换乘大厅、2号线换乘通道）

既有2号线站台

珞喻路隧道

地下二层（珞喻路隧道、2号线南延线区间）

2号线南延线区间

11号线站台

地下三层（11号线站台）

图 1.8 光谷广场综合体工程空间布局

BIM 辅助设计技术应用与探索

综合体工程体量庞大、结构复杂，线路交织、基坑异形、管线密集。为此，设计之中开发运用了先进的全过程、多要素、全专业协同 BIM 设计系统，通过先进的设计技术，弥补传统设计手段难以应对大型复杂地下综合交通枢纽快速、精确数字化设计难题，以保证设计质量。如图 1.9 所示为 BIM 中心模型。

首先，无人机与地面雷达扫描获取全方位的真实环境，实现数字孪生，同时，基于 BIM 的族库，土建、机电设计系统得以开发。

其次，探索性开展全专业基于 BIM 全过程协同设计，基于 BIM 中心模型，开展了各类交通模拟、客流组织仿真、应急疏散模拟、通风排烟模拟、气流组织和温度场模拟等，系统地模拟验证和研究优化，提升了设计可靠度。

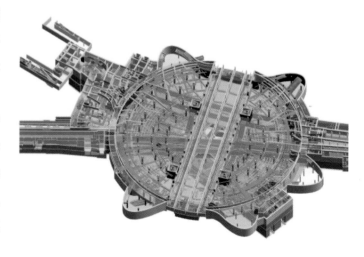

图 1.9 BIM 中心模型

最后，直观的三维模型对于指导设计与施工、优化建筑空间、综合管线辅助设计等均发挥了重要作用。

适应于翻交、施工的土建结构专项设计创新

综合体工程受交通限制，工期达 60 个月，确保工期是本工程一项重要挑战。设计以宏观整体工期和 2 号线南延线区间隧道控制工期为目标，将基坑分区，根据关键工期、先深后浅的原则在时间维度将工序分期，将复杂庞大、受力不明的空间问题解构为相对单纯、受力明确的基坑工程。

同时，提出基于先期主体结构承载的拓展基坑支撑方法，构建分区平衡支撑体系，利用支撑座将二期基坑上部支撑在既有一期结构顶板上，下部支撑采用抛撑体系支撑在盆式开挖完成浇筑的底板上，开挖安全快捷，节省分区间围护桩破除工期，实现各期结构迅速准确对接和封顶（图1.10）。

图 1.10 示范基坑工程基于先期结构承载的分区建造

高效结构抗震分析技术

针对大尺度复杂地下空间结构抗震分析模型建立难度大、计算效率低的问题，首先，开发了快速建模软件，可实现节点单元的高效导入、土弹簧边界的批量自动化生成和多工况荷载组合的自动转换，提高了基于有限元软件 Midas、ANSYS 和 ABAQUS 的混合建模及其模型有效性评价效率。

其次，提出利用空间反应位移法进行高效抗震分析，通过与弹性时程分析结果对比、验证，优化了复杂地下空间结构快速抗震分析评价方法，单条地震波计算耗时由12小时减少至2小时；同时，研发结构批量设计软件，自动高效进行大规模构件批量设计。

绿色安全运行综合技术

首先，地下综合体空间达300000m³，气流组织没有先例。我们与高校联合，通过系统理论分析和仿真模拟方法对全地下高大空间自然排烟和气流组织进行研究，获得了自然排烟系统及通风空调系统的关键技术参数，助力光谷广场综合体利用顶部采光带自然排烟技术方案落地。

其次，综合采用光热转化、空气流动及不规则结构传热的数值模拟技术，遴选最优气流组织方案，以此形成一整套适用于特大型全地下综合交通枢纽的规范化环控设计方法。

再次，研发了一种吊顶下装配式送风装置，将净高受限区域的吊顶高度尺寸优化50%，保障了地下空间净高和舒适环境。

最后，结合9号线站台所处环境，首创地下地铁车站轨行区自然排烟、排热兼隧道通风系统，满足隧道内发生火灾时的安全疏散及排烟要求，有力保障了地铁隧道通风系统高效、绿色运行。

对于工程超大体量和庞大客流给旅客提升设备健康监测、运营管理所带来的挑战，我们探索发明了旅客提升设备多维度健康监测装置及健康管理系统软件，通过对设备温度、振动、噪声等多维度物理参数进行监测，实现旅客提升设备故障预测和健康管理，预警可靠度达99.7%，避免误报、漏报，填补了国际空白。

规划道路边线
规划电力管沟（局部迁改）
规划电信管群（局部迁改）
d1000规划雨水管道（局部迁改）
DN400规划燃气管道（新建）
d500规划污水管道（新建）
DN600规划给水管道（局部迁改）
DN400规划给水管道（局部迁改）
规划道路中线

珞喻路东段

鲁磨路

在鲁磨路隧道及地铁9号线下方敷设过街箱涵

规划道路边线
规划电力管沟（局部迁改）
规划电信管群（局部迁改）
DN300规划燃气管道（新建）
d150规划污水管道（局部迁改）
d500规划给水管道（新建）
规划道路中线

塔基规划污水管道

光谷街

民族大道

Chapter 2
规划与建设条件

1 武汉市综合交通规划

武汉市城市总体规划

《武汉市城市总体规划（2010—2020 年）》提出形成"以主城为核，多轴多心"的空间结构（图2.1）。2020 年规划市域常住人口 1200 万，城镇化水平 84%。

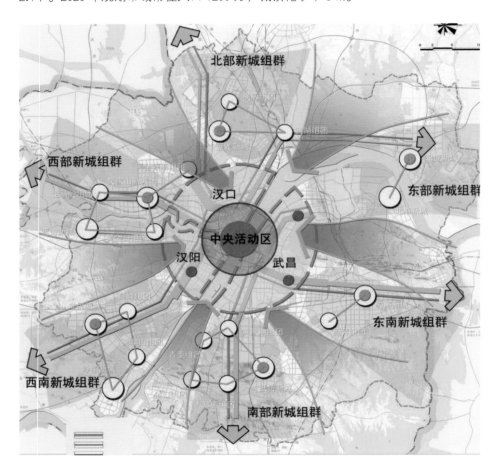

图 2.1 武汉市城市总体规划

图片来源：《武汉市城市总体规划（2010—2020 年）》

主城：武汉的核心，承担湖北省及武汉市的政治、经济、文化中心和中部地区生产、生活服务中心的职能。按圈层发展、组团布局，引导城市功能的聚集发展，规划建设中央活动区、东湖风景区和 15 个城市综合组团。

六大新城组群：在主城外围，沿轴向拓展构筑六大新城组群，承担主城人口疏解和新的产业聚集功能，形成由主城向外延伸发展的"1+6" 城市发展格局（图 2.2）。

图 2.2 "1+6"城市发展示意图

图片来源：《武汉市城市总体规划（2010—2020 年）》

武汉市综合交通规划

根据武汉市城市总体规划，武汉市综合交通规划的总体目标如下：充分发挥武汉的区位与交通优势，构建以公共交通为主导的综合交通运输体系，引导城市空间结构调整和功能布局优化，实现各种交通方式的高效衔接、安全便捷、公平有序、低耗高效和舒适环保；促进区域交通、城乡交通协调发展，将武汉建设成为国家级综合交通枢纽城市。由此提出六大战略举措：

① 构建"多快多轨"复合交通走廊，促进"1+6"城市空间新格局的形成；

② 高效整合交通基础设施，建设综合交通枢纽城市；

③ 确保公交优先战略的实施，主动引导出行结构调整；

④ 打造绿色慢行交通系统，彰显武汉滨江山水特色；

⑤ 综合协同，成体系逐步有序推进路网系统建设；

⑥ 科学引导和控制机动车发展规模，强化智能管理、精细管理和差别化管理。

主城：以大运量的轨道交通支撑中心区高强度集约发展，轨道占公交比例达到 60% 以上。

六大新城：以"多快多轨"的复合型交通引导城市空间沿六个轴向拓展，打造 6 个中等规模城市，承接主城产业、人口、功能转移。

六大生态绿楔：实现城市扩展与生态环境的协调发展。

光谷地区规划定位

光谷地区规划定位为武汉市三大市级副中心之一，其核心光谷广场位于珞喻发展轴的珞喻组团中部，是主城区与东湖国家自主创新示范区联系的重要节点和通道。光谷广场为 2 条快捷路（鲁磨路—民族大道、珞喻路西段—珞喻路东段）、1 条次干道（虎泉街）及 1 条支路（光谷街）相交的 6 路环形交叉口，为武昌地区重要的商业中心，广场周边为高容积率商住开发地块。广场周边的商业开发，不但使得光谷广场成为重要的交通节点，更是形成了以光谷广场为中心的光谷商业圈，成了集人流集散、娱乐、休闲、展示功能于一体的综合性广场，是武汉市的"东大门"。

道路规划

1. 平面规划

规划方案仍保留现状地面 4 车道环岛，环岛直径 160m，4 车道总宽 20m（图 2.3）。环岛红线直径 300m，综合体在环岛的东北、西北、东南、西南等方向共设置 5 个人行主出入口。过街行人全部可以地下过街，完全解决行人和机动车之间的矛盾。

珞喻路、鲁磨路两个直行方向采用双向 6 车道隧道，解决车辆穿越环岛的问题。地面设置双向 6 车道辅道解决转向交通。鲁磨路、民族大道原规划红线宽 40m，不能满足改造要求，规划将鲁磨路、民族大道标准红线向两侧拓宽至 60m。珞喻路红线 60m 可以满足改造要求，但珞喻路在珞雄路以东部分路段规划有有轨电车线路景观，局部向南拓宽 5m，总宽 65m。

鲁磨路隧道全长 680m，其中南侧敞口段长 220m，北侧敞口段长 190m，全埋段长 270m。珞喻路隧道全长 1280m，其中西侧敞口段长 190m，东侧敞口段长 260m，全埋段长 830m。两条隧道均宽 26.5 m，净空不小于 4.5 m。

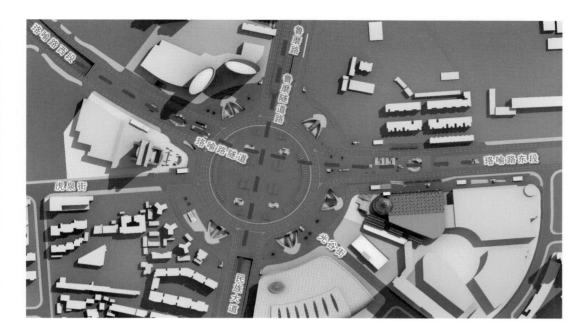

图 2.3 道路交通方案示意图

2. 道路横断面规划

道路横断面设计根据城市规划的红线宽度，结合道路类别、级别、计算行车速度、设计年限的机动车道与非机动车道交通量和人流量、交通特性、交通组织、交通设施、地上杆线、地下管线、绿化、地形等因素统一安排。其中，虎泉街和光谷街以及规划隧道两端的道路断面基本维持现状。

珞喻路、鲁磨路、民族大道直行隧道敞口段标准横断面改造由北向南布置为 3.25m 人行道 +3m 非机动车道 +10.5m 地面辅道 +26.5m 车行隧道（包括结构厚度）+10.5m 机动车道 +3m 非机动车道 +3.25m 人行道；全埋段标准横断面改造由北向南布置为 3.25m 人行道 +3m 非机动车道 +10.5m 地面辅道 +26.5m 绿化带 +10.5m 机动车道 +3m 非机动车道 +3.25m 人行道。鲁巷西路规划标准横断面由西向东布置为 4.5m 人行道 +11m 车行道（含 2m 画线非机动车道）+4.5m 人行道。

规划道路车行道横坡采用 1.5% 的坡度，人行道横坡采用 2.0% 的坡度。道路断面内预留了电力、电信、给水、燃气、雨水、污水、雨水压力管及污水压力管位置。

3. 道路竖向规划

广场现状地面标高为 29.2~31.3m（黄海高程，下同），最高点位于广场南部与民族大道交叉口附近，最低点位于广场东部与珞喻东路交叉口附近。珞喻路地面高程为 27.0~37.8m，最高点位于珞雄路交叉口附近，最低点位于紫珞路交叉口附近。鲁磨路方向地面高程为 23.5~29.2m，最低点位于紫崧花园路口。民族大道方向地面高程在 31.3~34.0m。

在光谷综合体中，珞喻路隧道与地铁 2 号线南延线区间段位于同一平面，位于光谷广场综合体地下二层，其上为地下综合体一层，其下为地铁 11 号线区间，东侧止点附近与珞雄路站顶板搭接，珞喻路隧道主线纵断面净高按照 4.5m 控制。鲁磨路隧道位于光谷广场综合体地下一层夹层，其上为综合体顶面结构，其下为地下一层换乘大厅，通道下换乘大厅及通道净高均按照 4.5m 控制。

因地铁 2 号线光谷广场站已建成通车，故整个工程中 2 号线南延线的区间段是主要高程控制要素，为保证 2 号线通道和地下空间高程合理，规划环岛车行道整体抬高约 1m。

4. 道路交通组织规划

隧道对两侧的车行交通造成一定阻隔，规划鲁磨路—民族大道隧道在环岛边界的暗埋段各设置 1 处调头车道。在珞喻路隧道东西两段隧道暗埋段各设置 1 对调头车道，减少进入环岛的绕行车辆。

虎泉街、光谷街两个交叉口与毗邻干道交织段太短，规划建议这两个交叉口只允许车辆进入环岛，限制环岛车辆进入。

规划范围内鲁磨路方向由南向北分别与鲁科路、紫菘花园路、紫菘花园东路等四条道路相交会，其中鲁磨路与紫菘花园路交叉口采用灯控渠化方式控制，鲁磨路与其他交叉口采用次要道路右进右出方式控制。

民族大道方向由南向北分别与尚谷路、鲁韵路、康桥路和测绘路相交，道口均采用次要道路右进右出方式控制。民族大道在规划范围南侧雄楚大街交叉口采用民族大道、雄楚大街双向直行主线上跨加地面灯控方式控制。

珞喻路方向由西向东分别与华乐路、紫珞路、鲁巷西路、加阳路、鲁科路、珞雄路和梳子桥路相交，各相交道口均采用右进右出方式控制。

5. 排水规划

根据现状雨水系统布置情况，综合考虑区域地势、周边区域规划、道路改造设计以及各综合体布局等因素，在基本维持区域原有雨水系统的基础上对雨水系统进行研究与优化（图 2.4、图 2.5）。

雨水系统布局主要分为地面层雨水和隧道层雨水。

地面层雨水主要排往紫菘花园路排水箱涵，因此规划仅对原有系统进行重新核算和局部调整优化。

隧道层雨水主要涉及珞喻路隧道排水和鲁磨路—民族大道隧道排水。

珞喻路下穿通道最低点高程为 11.28m，地势较低，雨水无法自行排入水体（东湖控制常水位 19.15m，最高控制水位 19.65m），因此只能通过泵站提升。

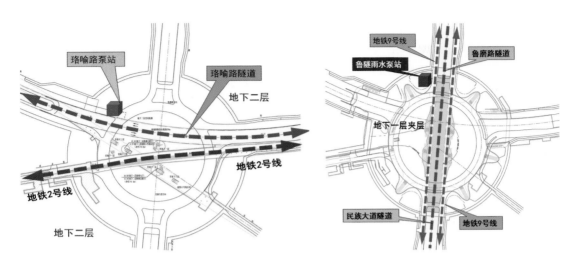

图 2.4 鲁磨路雨水泵站位置示意图

图片来源：《光谷广场综合体道路和排水修建规划》

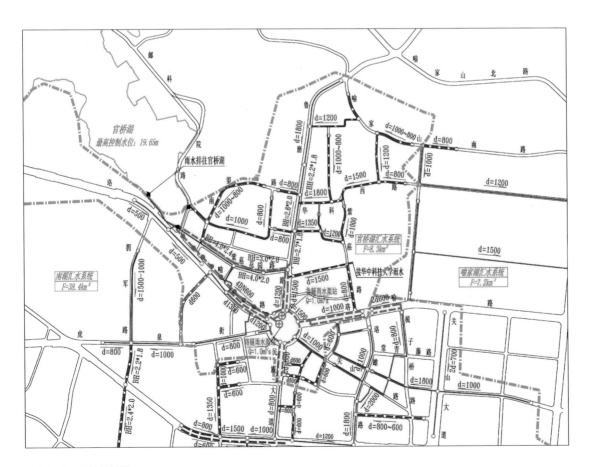

图 2.5 雨水系统规划图

图片来源：《光谷广场综合体道路和排水修建规划》

鲁磨路—民族大道下穿通道最低点高程为 23.94m（地面标高 30.20m），而紫菘花园路地面高程约为 23m，该处雨水箱涵为 $B×H$=2.7m×1.8m，涵顶高程为 21.06m，所以鲁磨路—民族大道下穿通道雨水可以自排接入该现有箱涵，但排水安全性较低。从运行管理、排水安全等方面综合考虑，共设置 2 座泵站，分别为鲁隧雨水泵站和珞隧雨水泵站。

规划区域的污水属于龙王咀污水处理厂服务范围（现状规模为 150000m³/d，远期规模为 300000m³/d），根据龙王咀污水处理厂收集管网系统布局，规划地区污水经过收集后排入现状鲁巷污水泵站（流量 Q=0.3m³/s），经提升后排入龙王咀污水处理厂（图 2.6）。

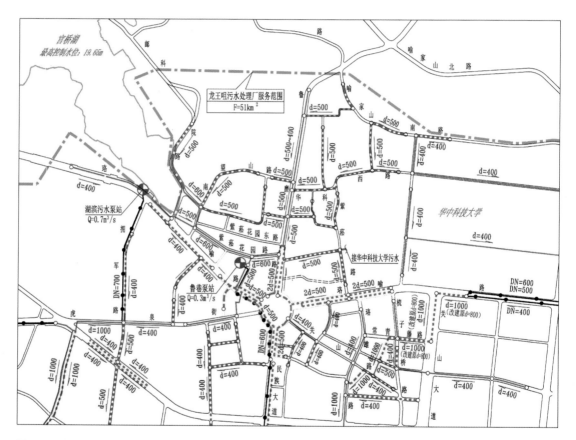

图 2.6 污水系统规划图
图片来源：《光谷广场综合体道路和排水修建规划》

2 轨道交通线网规划

2012 年 6 月武汉市人民政府批复新城线网规划（图 2.7），远景年市域轨道交通线网由中心城区轨道线（415km）和新城区轨道线（445km）两层次组成，总长 860km。在本规划中，2 号线南延线起于光谷广场站，终点至藏龙岛佛祖岭方向。

该规划同时还提出机场线由 2 号线向北延伸引入天河机场。据此，2 号线全长 60.85km，由一期工程、南延线和北延线三个部分组成。2 号线一期工程线路长 27.7km，共设车站 21 座，已开通运营。北延线由 2 号线一期工程的起点站金银潭站向北延伸到天河机场，总长 19.8km，设车站 7 座。南延线则从一期工程终点站光谷广场站向南延伸，经流芳（武汉东站）至佛祖岭，线路长 13.35km，设车站 10 座。2 号线全线将采取贯通运营方式，共设车站 38 座、车辆段 1 处、停车场 3 处，采用硚口路控制中心。

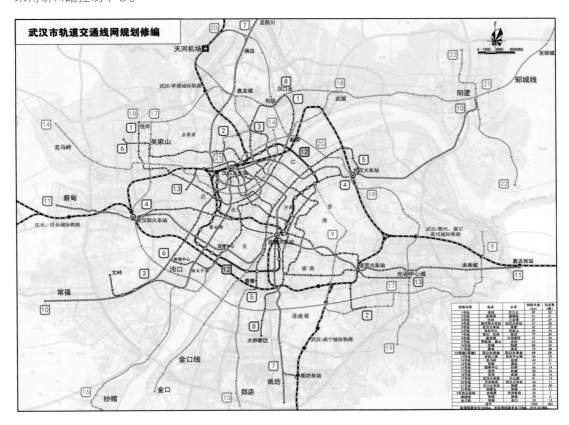

图 2.7 武汉市新城区线网规划（2012）

图片来源：《武汉市轨道交通线网规划（2012—2020 年）》

3 轨道交通建设规划

2012 年 5 月 18 日，国务院总理温家宝在湖北省视察时明确表示，大力支持武汉建设国家中心城市，要求加快形成全国性铁路路网中心、高速公路路网重要枢纽、重要的门户机场和长江中游航运中心。2013 年 3 月，武汉、长沙、南昌、合肥四省会城市达成《武汉共识》，将联手打造以长江中游城市群为依托的中国经济增长"第四极"。武汉作为"中三角"城市群的核心，凭借地处国家经济地理中心的区位和不可替代的综合交通枢纽属性，肩负着国家和区域层面的历史责任。

在这种新形势下，市委市政府提出加快轨道交通建设、一年通一条轨道，全面引导"1+6"城市新格局，尽快形成全国综合交通枢纽和国家中心城市。

2015年6月，依据2012年6月新城区线网规划形成的武汉市轨道交通第三期建设规划（2015—2021）（图2.8），获得国家发展改革委员会批复（发改基础〔2015〕1367号），标志着武汉轨道交通2号线南延线光谷广场—流芳—佛祖岭段全线获得批复。

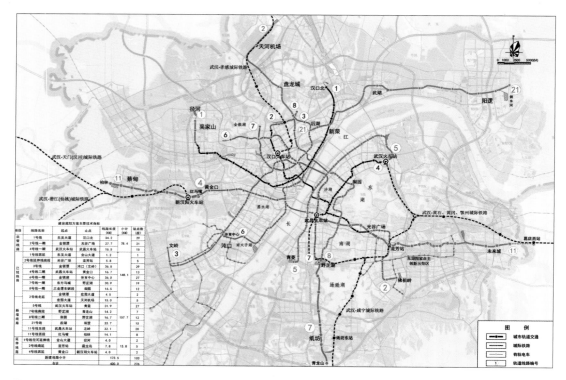

图2.8 武汉市城市轨道交通近期建设规划（2014—2020年）
图片来源：武汉市交通发展战略研究院

4 2号线南延线工程

2号线概况

武汉轨道交通2号线全长60.85km，共设车站38座，分一期工程、北延线和南延线工程三段建设与开通，全线贯通运营采用硚口路控制中心。其中，一期工程线路长27.7km，共设车站21座，于2012年底开通运营；北延线（机场线）由2号线一期工程的起点站金银潭站向北延伸到天河机场，总长19.8km，设车站7座，于2016年12月通车运营；南延线则从一期工程终点站光谷广场站向南延伸，经流芳至佛祖岭，线路长13.35km，设车站10座（图2.9）。

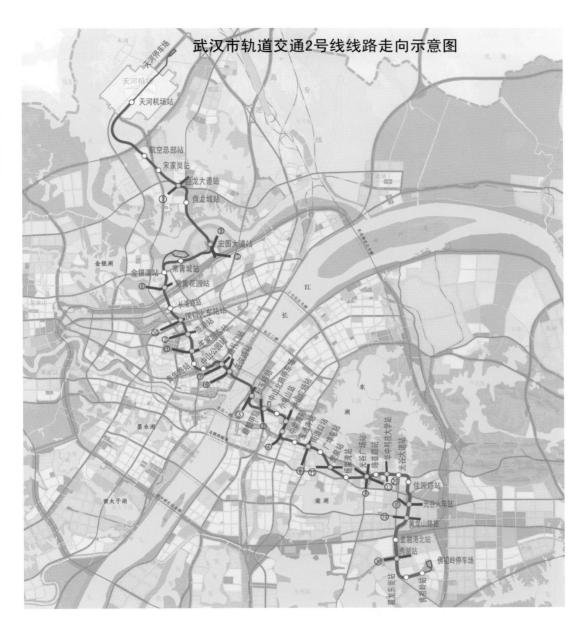

图 2.9 武汉轨道交通 2 号线线路走向示意图

图片来源:《武汉市轨道交通 2 号线南延线工程可行性研究报告》

2 号线南延线概况

武汉轨道交通 2 号线南延线起于 2 号线一期工程终点光谷广场站,沿线主要经过珞喻路、佳园路、黄龙山路、高新六路等,覆盖了世界城光谷步行街商业区以及华中科技大学、学府佳园、当代国际花园、光谷金融港、武汉传媒学院、长咀光电子工业园、武汉大学人民医院等高校区、大型居住区和高新企业区,能够方便光谷地区广大城市居民、高校师生和就业人员的出行,连接了流芳火车站（现武汉东站）、长途汽车客运站等大型客运交通枢纽，可实现城市内外交通的有效衔接（图2.10）。2号线南延线的建设，可以缓解光谷广场周边交通压力，有力支持东湖开发区东扩的发展战略。

2号线南延线线路长13.35km，均采用地下敷设，沿线设站10座，采用与2号线一期工程贯通运营方案，车辆、机电系统与2号线保持一致，主要技术标准相同，线路末端设佛祖岭停车场，该工程已于2019年1月通车运营。

图2.10 武汉轨道交通2号线南延线线路走向示意图

图片来源：《武汉市轨道交通2号线南延线工程可行性研究报告》

光谷广场综合体工程

光谷广场综合体工程属于武汉轨道交通2号线南延线衍生工程。

根据轨道交通线网规划，2号线南延线、9号线、11号线于光谷广场交会，为集约利用土地资源、整合优化空间功能、避免后期建设难度和风险，政府决策将轨道交通9、11号线车站与2号线南延线工程同步设计、同步建设；同时结合光谷广场交通需求，将光谷广场区域市政道路升级，建设珞喻路、鲁磨路两条市政隧道和地下非机动车通道，突破节点交通瓶颈。

至此，武汉历史上规模最大的交通枢纽建设拉开了序幕。

光谷广场综合体总建筑面积约160000m²，主要由以下部分组成：

① 轨道交通2、9、11号线所属4座车站和区间隧道；

② 珞喻路、鲁磨路2条市政隧道；

③ 地下公共步行空间、地下非机动车环道和通道工程。

5 客流 ①

根据综合体工程地铁车站布局形式、地下空间与周边商业连通、行人过街等因素，工程项目出入口客流包括三部分：地铁进出站客流、地下商业引发的客流和市政过街客流（图2.11）。

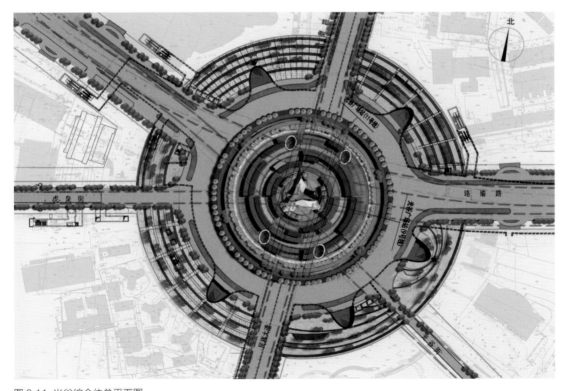

图2.11 光谷综合体总平面图

① 引用武汉市交通发展战略研究院编制的《武汉市光谷广场综合体客流预测报告》。

地铁进出站客流

结合地铁2号线光谷广场站点客流特征，双休日站点高峰小时客流约为平常日高峰小时客流的1.5倍，节假日高峰小时客流约为平常日高峰小时客流的2倍（表2.1、表2.2）。建议采取双休日高峰小时客流状态进行设计，该站点集散客流为80889人次/高峰小时，进出站客流为42455人次/高峰小时。

表2.1　远期建议设计早高峰小时客流预测（人次/高峰小时）

线路	换乘客流	进出站客流	集散客流
2号线	11300	11842	23142
11号线	12567	25498	38066
9号线	14568	5114	19682
合计	38435	42454	80890

表格来源：武汉市交通发展战略研究院

表2.2　远期高峰小时出入口分向客流预测（人次/高峰小时）

出入口编号		I	II	III	IV	V	VI	VII	VIII	IX	X （2号线C出入口）	合计
地铁客流	到达客流量	688	4373	5918	1794	1794	878	1630	2928	1255	2750	24007
	离开客流量	528	3360	4548	1378	1378	674	1252	2250	964	2113	18445

表格来源：武汉市交通发展战略研究院

地下商业（扣除轨道交通方式）引发客流

地下商业22000m²，高峰小时引发客流4375人次，一部分从地铁车站进出口进入，一部分从周边地下商业进入。其中，采取轨道交通方式引发客流已计入轨道交通诱增客流部分，若扣除轨道交通客流[按2/3从轨道车站出入口进出，1/3从光谷步行街、鲁巷广场购物中心（现中商·世界里）地下商场入口进出]，得到服务地下商业（扣除轨道交通）客流分布如表2.3所示。

表2.3　远期高峰小时服务地下商业客流分向客流预测（人次/高峰小时）

出入口编号		I	II	III	IV	V	VI	VII	VIII	IX	X （2号线C出入口）	合计
地铁客流	到达客流量	125	258	371	10	100	4	91	17	7	0	1341
	离开客流量	54	110	159	43	43	21	39	74	32	0	575

表格来源：武汉市交通发展战略研究院

市政过街客流

光谷广场重要主干道过街人流量大数据显示，该区域主要过街通道有3处：珞喻路东段、珞喻路西段和民族大道（图2.12）。高峰小时过街需求：工作日约3000人次/高峰小时，双休日6000人次/高峰小时。结合规划方案出入口布局（图2.13），建议珞喻路东段、珞喻路西段和民族大道南过街需求按6000人次/高峰小时、民族大道北过街需求按4000人次/高峰小时考虑（表2.4）。

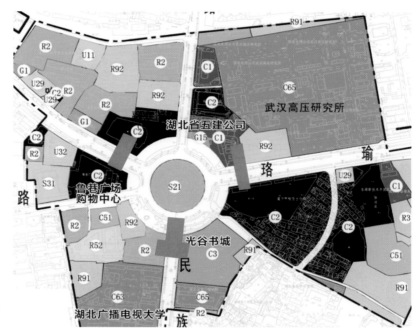

图 2.12 光谷广场市政过街调查分布图

图片来源：武汉市交通发展战略研究院

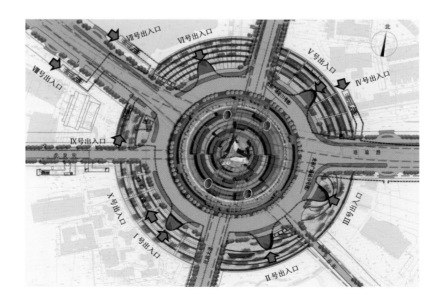

图 2.13 光谷综合体出入口示意

表 2.4　远期高峰小时过街客流预测（人次 / 高峰小时）

出入口编号		I	II	III	IV	V	VI	VII	VIII	IX	X	合计
地铁客流	到达客流量	3000	3000	3000	2500	2500	2500	2500	1500	1500	0	22000
	离开客流量	3000	3000	3000	2500	2500	2500	2500	1500	1500	0	22000

表格来源：武汉市交通发展战略研究院

站点综合客流预测

结合综合体工程与周边建筑衔接形式，综合考虑站点周边用地方案调整诱增轨道交通客流、地下商业服务客流和市政过街客流需求，得到光谷综合体工程进出客流总量为 88371 人次 / 高峰小时，其分布情况如表 2.5 所示。

表 2.5　远期高峰小时综合客流预测（人次 / 高峰小时）

出入口编号		I	II	III	IV	V	VI	VII	VIII	IX	X（2号线C出入口）	合计
地铁客流	到达客流量	688	4373	5918	1794	1794	878	1630	2928	1255	2750	24007
	离开客流量	528	3360	4548	1378	1378	674	1252	2250	964	2113	18447
地下商业非地铁客流	到达客流量	125	258	371	100	100	49	91	173	74	0	1341
	非地铁客流	54	110	159	43	43	21	39	74	32	0	575
过街客流	到达客流量	3000	3000	3000	2500	2500	2500	2500	1500	1500	0	22000
	过街客流	3000	3000	3000	2500	2500	2500	2500	1500	1500	0	22000
合计	到达客流量	3880	7617	9249	4394	4394	3427	4221	4592	2825	2750	47349
	过街客流	3611	6465	7689	3921	3921	3195	3791	3820	2494	2113	41022

表格来源：武汉市交通发展战略研究院

6　工程地质与水文地质

工程地质资料

光谷广场地区地貌单元为剥蚀堆积垄岗区，第三纪和第四纪黏土层下伏泥岩、砂岩和部分石灰岩，地形总体较平坦，地面标高在 28.5 ～ 31.0m。勘察结果显示，各岩土层地层岩性及特征按地层层序分述如下（表 2.6）。

表 2.6 光谷广场岩土层地层岩性及特征

序号	名称	地层代号	岩性及特征	
1	杂填土	1-1	杂色，湿~饱和，高压缩性	由砖块、碎石、片石、混凝土块等建筑垃圾混黏性土组成，硬杂质含量约30%
2	石英砂岩块	1-1a	灰白色，呈块状、柱状，压缩性低	为路基抛投的块石，柱状节长5~15cm不等，块状粒径6~10cm
3	素填土	1-2	褐黄~黄褐、灰褐色，稍湿~饱和，高压缩性	主要成分为黏性土，局部含少量碎石、砖屑等，埋深0.3~2.7m，层厚0.3~6.2m，普遍分布于场地表层
4	粉质黏土（Q_4^{al}）	3-1	褐黄~黄褐色，饱和，可塑状态，中压缩性	含灰白色高岭土团块及黑色铁锰质氧化物斑点，埋深0.5~3.9m，其厚度为1.1~7.5m，沿线局部地段分布
5	黏土（Q_3^{al+pl}）	10-1	黄褐~褐红色，饱和~湿，可塑~硬塑状态，中~低压缩性	含灰白色高岭土团块及黑色铁锰质氧化物结核
6	黏土夹碎石（Q_3^{al+pl}）	10-4	褐黄~褐红色，湿，硬塑状态，中~低压缩性	含灰白色高岭土团块及黑色铁锰质氧化物结核，不均匀含10%~30%的泥岩、石英砂岩碎石，直径一般为5~20mm
7	残积土（Q^{el}）	13-2	褐黄、红褐~灰黄~灰白色，湿，可塑~硬塑状态，中压缩性，黏性强	主要由泥岩风化残积而成，含灰白色高岭土团块及少量砂质物
8	红黏土（Q^{el}）	13-3a	黄褐色，饱和，软塑~流塑状态，高压缩性，黏性强	含灰白色高岭土团块及少量灰岩碎块，土体强度不均
9	微晶灰岩	18b-3	浅灰白色，微晶结构，块状构造，钙质胶结，属坚硬岩	芯呈柱状、块状，倾角50°~60°，裂隙发育，裂隙泥质充填，可见溶蚀现象，钻进过程中有失水现象
10	强风化石英砂岩	19-1	灰白色、棕红色，粉砂质结构，层状构造，属较硬岩强风化物:	主要矿物成分为石英、长石、白云母、绢云母，裂隙发育，岩芯呈碎块状，锤击易碎
11	中风化泥质石英粉砂岩	19-1a	暗褐色，可见棕红色条纹，泥质胶结，层状构造，属软岩	可见石英、长石等矿物，岩芯呈长柱状，锤击易碎
12	中风化石英砂岩	19-2	灰白色、棕红色，粉砂质结构，层状构造，硅质胶结，属坚硬岩	主要矿物成分为石英、长石、白云母、绢云母，裂隙发育，倾角陡峭，岩芯多呈块状
13	中风化碎石状石英砂岩	19-4	杂色，岩芯破碎，	呈碎块~碎砾状，夹泥质成分，局部泥质含量较高
14	强风化泥岩	20a-1	黄褐色，泥质结构，层状构造，属极软岩	主要由黏土矿物组成，岩芯风化呈土状，局部夹含少量中风化岩块
15	中风化泥岩	20a-2	黄褐色，泥质结构，层状构造，属极软岩	主要由黏土矿物组成，裂隙发育，岩芯呈柱状、块状，锤击声哑，采芯率低
16	中风化泥岩破碎带	20a-a	黄褐色，泥质结构，属极软岩	岩芯呈短柱状、碎块状，易开裂折断，裂隙极发育，夹较多泥岩中风化碎屑，部分为泥岩中风化碎块，分布于层内断层附近
17	中风化泥岩	20b-2	青灰色，泥质结构，属极软岩~软岩	主要由黏土矿物组成，层状构造，裂隙发育，岩芯呈柱状、块状，锤击声哑，采芯率约85%
18	中风化泥岩破碎带	20b-a	青灰色，泥质结构，属极软岩	岩芯呈碎块状、碎屑状，易开裂折断，裂隙极发育，主要分布于层内断层附近
19	中微风化泥岩	20b-3	青灰色，泥质结构，层状构造，属较软岩	主要由黏土矿物组成，岩芯完整，呈柱状，锤击声哑，采芯率高约90%

水文地质条件

1. 上层滞水

上层滞水主要赋存于人工填土层中，接收大气降水及周边居民生活用水渗透垂直下渗补给，无统一自由水面，水位及水量随大气降水及周边生活排水量的大小而波动，勘察期间测得场地上层滞水初见水位在地面下 1.20 ~ 5.30m，静止水位在地面下 1.00 ~ 4.70m。

2. 碎屑岩裂隙水

碎屑岩裂隙水主要赋存于志留系～三叠系的泥岩、石英砂岩、炭质泥岩、泥质砂岩、黏土岩及硅质岩等的构造裂隙及风化裂隙中，总体来说水量贫乏。

3. 岩溶裂隙水

初勘揭露，勘察场地灰岩埋藏较深，其上多为隔水的黏性土体覆盖，溶洞大部分呈填充状态，充填物以黏性土、碎石为主，少部分为空洞。光谷综合体工程范围灰岩较少。

4. 基坑侧壁土体渗透系数

根据地区经验，提供基坑侧壁各土层渗透系数初步建议值如表 2.7 所示。

表 2.7　各土层渗透系数初步建议值

地层编号及岩土名称	渗透系数经验值 /（cm/s）
（1-1）杂填土	5.0×10^{-4}
（1-2）素填土	2.0×10^{-4}
（3-1）粉质黏土	1.5×10^{-6}
（10-1）黏土	1.5×10^{-6}
（10-4）黏土夹碎石	6.0×10^{-6}
（13-2）残积土	1.5×10^{-6}
（13-3a）红黏土	1.5×10^{-5}

5. 地下水、土的腐蚀性评价

根据地下水样的水质分析结果，结合场区及其附近无地下水污染源的实际情况可以判定，场地地下水对混凝土结构及钢筋混凝土结构中的钢筋有微腐蚀性。

7 市政道路与管线

轨道交通 2 号线一期工程终点站光谷广场站（图 2.14）设置在广场的虎泉街与光谷大转盘西南侧的接口处，为地下 2 层岛式站。

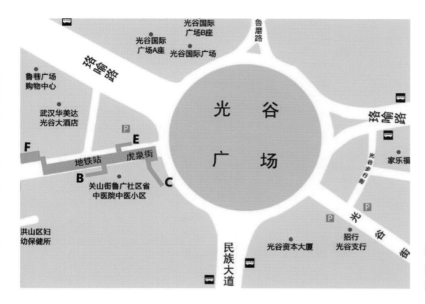

图 2.14 光谷广场道路示意图
图片来源：《光谷广场综合体道路和排水修建规划》

地面交通现状

1. 环岛交通特征

六路交会的环岛交织段短，交织车辆多，极大地限制了通行能力，雄楚大道方向来车与珞喻路西段交织段矛盾突出。

民族大道是通向江夏地区的主要道路，交通压力非常大。

2. 慢行交通

环岛范围内现状共设有过街天桥 5 处，过街地道 2 处：沿珞喻路往西，鲁巷广场购物中心北侧有 1 处过街地道，通道净宽约 8m，广发证券门前有 1 处过街天桥，主桥净宽约 4m；沿珞喻路往东，大洋百货门前有 1 处过街天桥，主桥净宽约 5m，国网电力科学研究院门前有 1 处天桥，主桥净宽约 5m；沿鲁磨路往北，光谷国际广场门前有 1 处过街天桥，主桥净宽约 5m；沿民族大道往南环岛路口处有 1 处人行过街地道，通道净宽约 8m；虎泉街和光谷街现状设人行横道过街。

非机动车和人行未构成整体连通系统，特别是部分路段通过地面过街，与车行交通发生冲突。机动车占用非机动车道现象严重。

周边道路交通分析

珞喻路喻家湖路段，全路段饱和度达到 F 级；鲁磨路、珞喻路等部分路段饱和度达到 E 级，拥堵严重（图 2.15）。

图 2.15 光谷广场周边道路饱和度示意图

图片来源：《光谷广场综合体道路和排水修建规划》

管线情况

工程区域为建成区，道路下现状配套管网设施较为完善，工程范围地下管线较多，地下管线错综复杂，相对布置关系复杂。经过现场调查及查阅有关资料，本工程沿线地下管线有污水管线、给水管线、电力管线、电信管线、燃气管线、军用光缆管线、有线电视线路、路灯线及交通信号等，共计 60 多条。

在鲁磨路隧道及地铁9号线下方敷设过街箱涵

规划道路边线
规划电力管沟(局部迁改)
规划电信管群(局部迁改)
d1000规划雨水管道(新建)
DN400规划燃气管道(新建)
d500规划污水管道(局部迁改)
DN600规划给水管道(局部迁改)
DN400规划给水管道(局部迁改)
规划道路中线

珞喻路东段

鲁磨路

光谷街

民族大道

Chapter 3
总体与建筑设计

1 方案形成

方案背景

由于公交通勤线路布局的局限性，光谷广场地区有 26 路公交车站停靠，存在与轨道交通巨大的接驳换乘客流。地铁 2 号线站全线日客流约 100 万人次，而光谷广场的日进出站客流已超过 26 万人次，超过了全线客流的 1/4（全线共 21 座车站），高峰小时客流达到了预测远期的 2 万人次。特别是节假日期间，安全隐患较大。同时，轨道交通运输能力限制了东湖新技术开发区的高速发展。因此，地铁 2 号线南延线工程建设势在必行。

城市轨道交通无疑是解决问题的第一要素。为分解广场地区的交通压力，南延线工程规划时提出在 2 号线一期工程终点光谷广场站与南延线工程华中科技大学站之间加设珞雄路站，以增加轨道交通对该地区的覆盖（图 3.1、图 3.2）。

图 3.1 光谷广场总图

图片来源：百度地图

图 3.2 2 号线南延线走向示意图

图片来源：依据百度地图绘制

广场转盘地下空间的规划设计是核心。转盘下除珞喻路方向和鲁磨路方向等双向6车道下穿隧道工程外，还需要设置与地铁2号线光谷广场车站换乘的地铁9、11号线两座车站。三座地铁车站的聚集和步行穿越交通转盘，需要友好、开放的城市共享地下空间。

为了工程的统一性、公益性，东湖新技术开发区政府经与武汉地铁集团有限公司友好协商，各自投入50%工程建设费用，由武汉地铁集团有限公司建设管理，转盘下方空间作公益用，不考虑商业用途。

考虑到光谷广场区域大型商业体聚集，地面道路交通对商业体间分隔严重，天然存在缝合地面商业体的需求和建设地下商业街的必要性。为此，城市规划方面提出了经营性商业空间配套广场核心地下空间分别向东西方向延伸，这也是完善城市功能的必需：光谷转盘以东方向，结合下穿广场的珞喻路方向隧道工程明挖地下空间，建设连通转盘核心至珞雄路站地下商业街，与右侧光谷步行街地下空间多处对接；光谷转盘以西方向，地下商业街连通到鲁巷广场购物中心门前，沟通珞喻路两侧地块。

交通解决方案还包括非机动车地下环绕穿越道路和广场空间。

总之，光谷综合体工程是在与光谷地区城市设计相互融合中不断完善的一项集综合交通枢纽与商业开发于一体的创新型城市节点改造工程。

限制性条件

① 交通规划落地。

② 地铁2号线区间隧道工程穿越，并要求56个月后通车；同时南延工程区间隧道受既有2号线光谷广场站控制，在穿越光谷广场时高程方面调整余地不大。

③ 2号线南延线工程鲁巷主变电缆隧道需通过光谷广场引入。

④ 场地地势较高，但存在局部滞水点，转盘外围地下管线密集。

设计目标

① 便捷与规模匹配的地铁换乘设计。

② 符合城市规划的市政隧道工程设计。

③ 安全快捷的步行下穿空间设计。

④ 环岛地下非机动车行通道设计。

⑤ 友好的地下商业空间设计。

技术方案确定

广场转盘下地下空间的规划设计是技术方案的核心。

1. 枢纽规划意图

我们理解的区域交通规划意图是节点内部车行交通主要通过地面机动车环道解决，节点内外连通通过沿主要过境车流方向敷设放射地下交通线实现。此类城市中心节点的改造，往往是在既有区域道路交通流量基础上，结合城市空间发展规划，分析不同方向过境车流比例，完善近、远期交通流量模型。

预测认为，广场地区的市政下穿通道可分离 40% 以上的过境车流，将有效减轻转盘核心区域的交通负荷，改善地面交通状况；通过 2 号线、9 号线、11 号线共 3 条地铁线的 4 座车站工程相互连通，覆盖光谷广场区域快速公交服务，可实现枢纽节点与外部的快速连通和客流疏导；通过地下公共空间、地下非机动车通道与周边地块和地下空间整体连通，供行人及非机动车便捷通行，实现人车分离、机非分离，将各部分工程统筹规划于一个交通综合体，整体协调、同步实施，实现各类型交通的立体分流和顺畅通行。

分析发现，解决核心矛盾的关键是统筹 3 线换乘车站及相关地下功能空间。由于多因素组合交叉，我们采取了以换乘布局为主线解决问题的方法，通过对换乘布局方案大规模的筛查，筛选出我们需要的最佳功能组合方案。

2. 原规划方案的不足

原规划方案设计转盘时考虑了一定的开发量，交通节点采用地下 4 层。地下节点外轮廓采用直径 280m 的圆，中央环岛直径 160m，地面为绿化广场（图 3.3）。

环状地下空间地下一层人行区域也可理解为站厅，南半部为地铁用空间，北侧考虑一定的物业开发；地下二层为 9、11 号线共用站厅、9 号线站台和鲁磨路隧道层；地下三层为 2 号线南延线工程的区间隧道和珞喻路隧道层；地下四层为 11 号线站台层（图 3.4）。

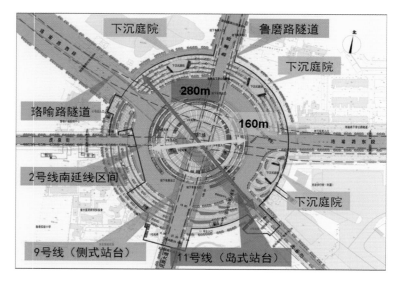

图 3.3 原规划设计方案平面图

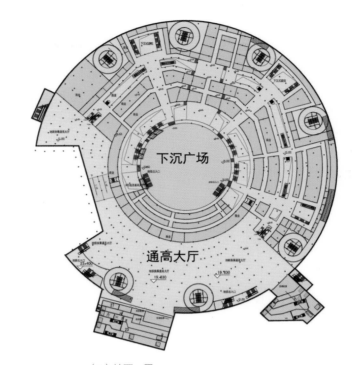

（a）地下一层

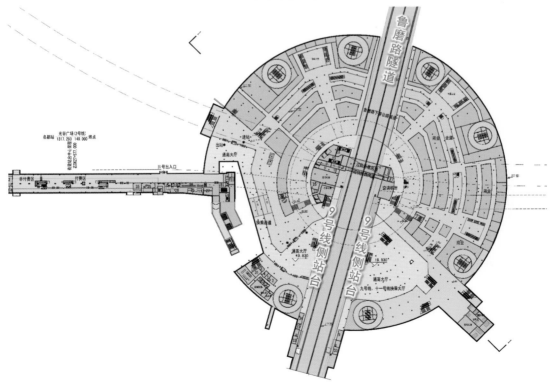

（b）地下二层

图 3.4 原规划设计方案地下平面图

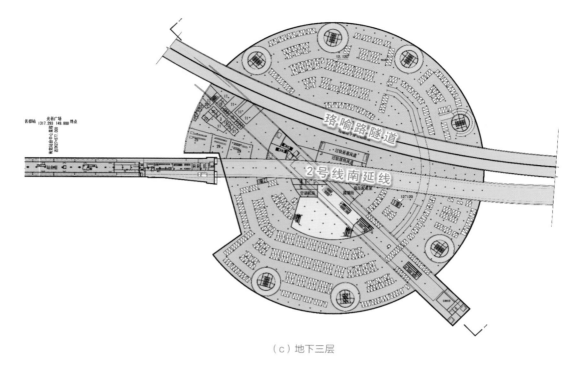

（c）地下三层

（d）地下四层

续图 3.4

原规划方案将3线换乘时间分解为"1+2"的布局，平面上将2号线车站与上下交错的9、11号线车站拉开距离，以减少客流冲击。但该方案存在许多不足：

① 地铁9、11号线车站覆盖不均匀；

② 11号线站台区域的乘客疏散不便，安全隐患大；

③ 各车站间换乘不便捷。

城市中心重要节点的换乘（特别是3线换乘）一直是城轨难题，原因是客流大，空间组织困难。城区内地下空间往往受限，3线换乘轨道交通车站难以处理两两线路之间的客流交叉影响问题，例如：上海地铁世纪大道站、武汉地铁香港路站等虽然采用了部分平行换乘，但换乘与进出站客流的交叉始终困扰着轨道交通设计和运营部门。

3. 方案优化的关键是将站厅标高下调一层

研究初期，设计的重点一直沿用站厅位于地下一层的思路。传统做法是希望通过优化2、9、11号线3座车站的平面布局，寻求理想方案。因此，围绕着多种平面布局组合，包括集中站位、分散站位、市政通道不引入、加深地铁埋深等，经过两个月的方案设计，一百多种方案组合研究，我们提出了大量的组合可能（图3.5）。

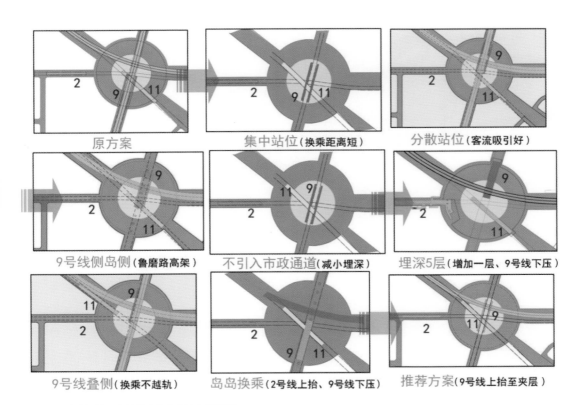

图3.5 光谷广场地下交通综合体方案演变示意图

通过对集中与分散站位、集中与分散站厅及各条线路空间组合对比分析，得出三个结论：

① 轨道交通线路与同方向市政隧道高程上归并为一组可简化空间层次。11 号线埋设深度应在地铁 2 号线之下，才能保证沿珞喻路方向下穿隧道与轨道交通同层设置，减小规模。

② 平面上 9 号线和 11 号线车站站台在环岛中心地下居中布设，地铁服务效率最高。

③ 地面环岛绿地是地下空间排烟与疏散的重要参与单元。

工作方向正确时，在科学性逻辑思维的推演下，研究工作将逐步朝理想进发。

神奇的灵感，如同禅宗的开悟。当总体组准备放弃全地下方案，提出将 9 号线及鲁磨路方向隧道改为地面高架方案时，一个将站厅布设于 9 号线及鲁磨路方向通道之下，颠覆传统轨道交通的大反厅思路出现了。若将 9 号线车站站台布设于站厅之上，也就是将原来所有方案研究的站厅层标高设置为地下二层深度，让地铁 9 号线从地下深度 30 多米、直径 200m 的巨大地下空间上部跨越通过，所有矛盾都将解决！当然，此方案成立前提是处于站厅上部空间的站台，在火灾工况下，向上通过地面环岛进行疏散（图 3.6）。

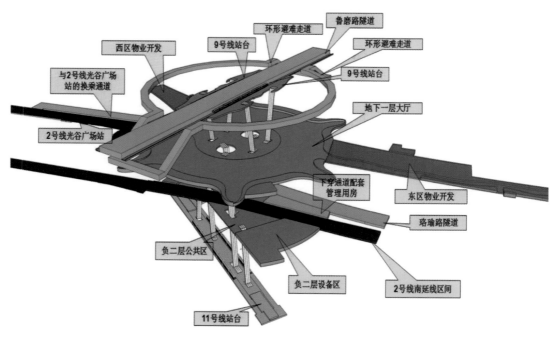

图 3.6 光谷广场综合体工程空间布局图

常规地铁车站采用站厅在站台上方的原因是，地铁车站往往设置于道路下方，若站台位于站厅之上则只能向下疏散，这与消防常识相悖，因而不会考虑。值得庆幸的是，本工程的地面交通环岛提供了疏散条件。

当然也有人认为如果请专家组研究，或许 2 ~ 3 天就能取得如此结论。但我觉得历经艰辛取得的成果，更有回味的价值，这是一个团队集体智慧的结晶。

光谷广场综合体项目成功的关键，在于业主单位高度信任与足够耐心，设计者锲而不舍地认真探索。滚滚红尘，浮躁众生，良机难遇，科学高效的工程方案，需要从业人员全身心投入。

4. 完善细节的努力

① 考虑到地下空间尺度效果、覆土要求、区域排水等要素，以地面转盘高程为标志，整体抬升约 1m（图 3.7）。

② 9 号线轨行区隧道通风系统，采用自然排热兼排烟系统的特殊设计。

③ 为保证站厅内 9 号线站台下 4.0m 吊顶净空，创新了出风口。

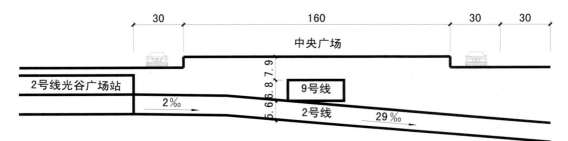

图 3.7 层高关系分析图

5. 平面规模确定

转盘交通核作为交通建筑，规模首先取决于满足地铁客流和穿越客流的服务质量；其次，对 300m 直径转盘环形管线的影响也是重要的考虑因素之一。

珞喻路车流量大，采用双向 6 车道设计标准，但鲁磨路和民族大道方向受民族大道口部建筑物制约，既有城市地面宽度原本就不足，后考虑到东湖隧道通车后的车流通行需求，市政府下决心对民族大道光谷广场口部道路进行了拓宽建设，为鲁磨路方向市政隧道采用双向 6 车道标准铺平了道路。

光谷广场道路红线直径为 300m，周边建筑紧临红线，现状道路边线直径为 220m，道路交通繁忙，且大部分市政管线密集布设于道路边线 10m 以内范围。为确保综合体工程顺利、快速实施，设计之初就针对不同工程规模方案进行了深入研究对比，力求工程规模最优化。

直径 280m 工程主体方案可以获得最大面积的地下空间，但规模过大，无交通、管线、安全施工空间，可实施性差；直径 220～248m 的工程主体方案优化了规模，但仍需在建设之前就改迁所有市政管线，仅管线改迁工期就长达 1 年，时间长，制约工程建设。为确保工程顺利、快速实施，在满足车站功能的前提下，集约、归并 3 条地铁线路功能用房以减小车站规模，将综合体车站主体轮廓由规划阶段的直径 280m 逐步优化到直径 200m 范围内（图 3.8）。

工程主体范围尽量避开市政管线，并留出地面交通和施工空间，主体工程可安全迅速开展建设；综合体车站主体轮廓距离道路红线 50m，在 50m 空间内，通过 5 个二期实施的下沉广场与周边各地块实现连通，其管线改迁、交通疏解、施工场地、工程安全均可利用一期实施主体工程的时间和空间来实现保障。工程主体与周边建筑之间的距离为下沉庭院、地面景观、人员活动预留了宝贵的空间。

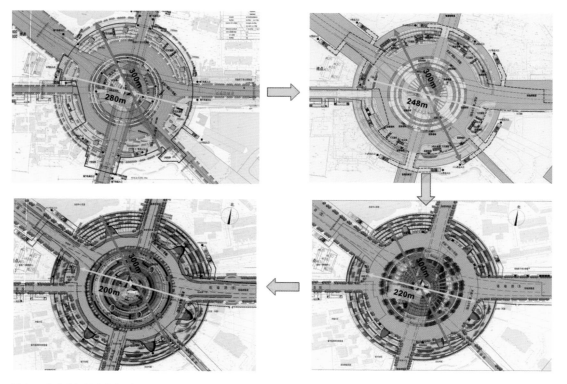

图 3.8 光谷广场综合体规模演变示意图

6. 打造鲁巷城市副中心地下开放式公共空间

以转盘交通核沿珞喻路向东西方向延展的地下物业空间，西向物业空间结合市政隧道明挖工程范围同步处理，东向物业空间将光谷转盘地下大厅与 2 号线南延线工程的珞雄路站站厅连接起来，同时与道路两侧物业多处对接，形成服务商业核心区地下开放式公共空间。

2 项目组成

地铁工程

2 号线南延线光谷广场站—珞雄路站区间（全长 525.874m）；

9 号线光谷广场车站（全长 200m）；

11 号线光谷广场车站（全长 296.95m）；

9 号线地质大学站—光谷广场站区间预埋段、光谷广场站—雄楚大道站区间预埋段，地铁主变电缆隧道。

市政工程

珞喻路隧道（全长1170m）；

鲁磨路隧道（全长680m）；

地下非机动车环道（全长630m）；

地面道路恢复与提升工程。

地下公共空间

建筑面积约40000m²，如图3.9所示。

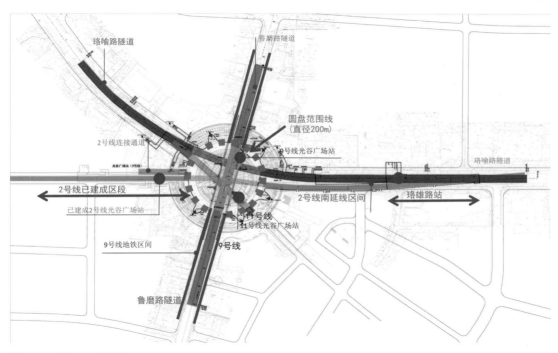

图3.9 综合体工程实施范围

3 方案特点

规划设计创新

光谷综合体工程兼顾"重大交通枢纽建设"和"城轨交通站城融合"，在城市规划设计领域上是一个重大突破。

光谷广场位于武汉东湖新技术开发区，是武汉市城市副中心的商业中心。周边以商业建筑为主，如光谷步行街形成的公共活动核心、鲁巷广场购物中心及光谷国际广场；办公建筑主要有融众国际；科研建筑有国网电力科研院和华中科技大学，华美达酒店及各类居住小区分散布局（图3.10、图3.11）。

图 3.10 光谷综合体周边用地示意图

图片来源：《光谷步行街与地铁换乘枢纽整合研究》

图 3.11 丰富的空间环境

图片来源：《光谷步行街与地铁换乘枢纽整合研究》

光谷广场综合体项目兼具三重功能（图 3.12）：

① 城市重要交通枢纽节点（车行、人行、轨道）；

② 城市核心功能节点（武汉市 3 大城市副中心）；

③ 城市空间门户节点（高科技代表）。

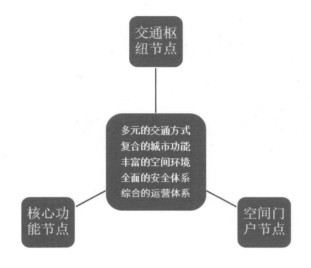

图 3.12 光谷综合体站城一体化示意图

三重功能通过 5 个方面的组合得以体现：

① 多元的交通方式；

② 复合的城市功能；

③ 丰富的空间环境；

④ 全面的安全体系；

⑤ 综合的运营体系。

集约高效的地下交通枢纽核心工程

光谷综合体采用基于流量预测的城市中心地下多线路立体交通空间构型，通过建立地下空间品质评价体系及其可视化呈现方法，基于空间智能算法解析网络化地下空间的多维度特征，构建城市地下空间舒适度分级智能评价及空间优化对抗网络模型，进行地下空间功能场景预演和量化计算评价，建立了以"三环层叠、多线放射"为基本形态的城市地下交通枢纽空间结构，地面机动车环道、地下非机动车环道、地下人行环道与公共空间三环层叠，2 条公路隧道和 3 条地铁线组成 5 条放射交通线，打造新型交通枢纽型综合体（图 3.13 ~ 图 3.17）。实现了全地下交通融合、空间交互、功能复合的三层五线立交，创新解决城市中心节点交通瓶颈、高效集约用地新模式。

图 3.13 光谷广场综合体平面布局示意图

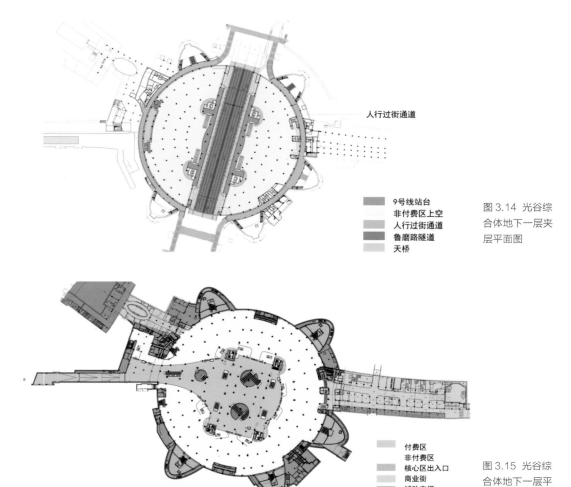

人行过街通道

	9号线站台
	非付费区上空
	人行过街通道
	鲁磨路隧道
	天桥

图 3.14 光谷综合体地下一层夹层平面图

	付费区
	非付费区
	核心区出入口
	商业街
	辅助空间

图 3.15 光谷综合体地下一层平面图

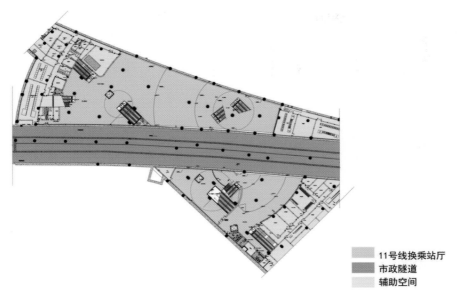

11号线换乘站厅
市政隧道
辅助空间

图 3.16　光谷综合体地下二层平面图

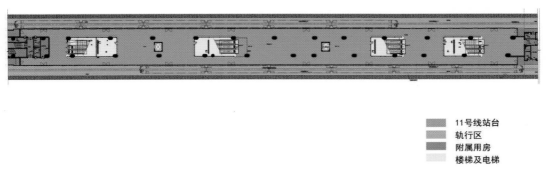

11号线站台
轨行区
附属用房
楼梯及电梯

图 3.17　光谷综合体地下三层 11 号线站台层平面图

倒厅式地铁车站布局

　　设计创造性地将 9 号线站台上抬至地下一层换乘大厅上部空间中，形成了站台在上、站厅在下的地下"高架"车站空间，有效地解决了换乘流线、换乘厅空间被分隔的问题；通过营造大规模、大跨度、高净空的地下换乘大厅，提升乘客出行体验和品质，高效提供了灾害状况时快进快出的服务，消除灾害时的疏散隐患(图 3.18)。

图 3.18　光谷广场综合体地下一层大厅效果

4　工程面临的技术挑战

作为大型交通枢纽与地下空间结合的创新型地下大空间，该工程面临着多方面技术难题与挑战。

地下空间中消防安全设计第一位，由于庞大的地下空间及巨大的聚集人口，火灾工况下的排烟技术问题需要解决，相当于 20 倍标准地铁车站空间规模的通风空调与排烟技术需要研究；庞大地下空间的结构抗震需要新技术措施的支持；复杂地下空间管线设计和协调处理需要采用新型技术手段加以解决。

5　建筑设计

项目概况

1. 项目区位

光谷综合体位于武汉东湖新技术开发区珞喻发展轴的珞喻组团——"中国·光谷"入口处，是主城区与东湖国家自主创新示范区联系的重要节点和通道（图 3.19）。

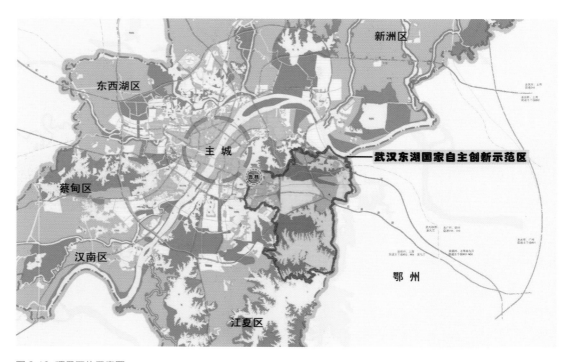

图 3.19 项目区位示意图

图片来源：依据 http://zrzyhgh.wuhan.gov.cn/xxfw/ghzs/202007/t20200707_1396383.shtml 绘制

与广场衔接的道路有鲁磨路、民族大道、珞喻路、珞喻东路、虎泉街、光谷街，形成一个六路相交的交叉路口（图 3.20、图 3.21）。光谷广场周边规划为东湖高新开发区重要的商业中心，均为高容积率商业开发地块。

图 3.20 项目周边概况

图片来源：《光谷步行街与地铁换乘枢纽整合研究》

图 3.21 周边旧状照片

2. 项目定位

原光谷广场（鲁巷广场）始建于 20 世纪 80 年代末 90 年代初，为简陋的圆盘，其周边有鲁巷广场购物中心、融众光谷国际、世界城光谷步行街、光谷书城等商业体（图 3.22）。因此，光谷广场是武汉市东南的交通枢纽中心、公共服务中心及商业中心。

图 3.22 原光谷广场

图片来源：http://www.lvmama.com/lvyou/photo/d-wuhan199.html?timer=tc

3. 道路交通分析

随着城市的发展和光谷副中心的崛起，加之片区高校云集，人流集聚，而六路环岛通行能力有限，同时各种流线的混乱交织，非机动车和人行未构成整体连通系统，特别是部分路段地面过街与车行交通发生冲突、机动车占用非机动车道现象严重。

4. 边界条件及控制因素

① 3 条地铁线及 2 条市政隧道相互交叉分隔。

规划 2 号线南延线、9 号线、11 号线于光谷广场站换乘，同时 2 条市政隧道珞喻路隧道、鲁磨路隧道从光谷广场下方穿越，线路交叉关系复杂，设计方案须保证最优的地铁和交通功能，即地铁换乘便捷，人行流线规则。

② 工程体量大，人流量大。

光谷广场综合体含 3 条地铁线及 2 条市政隧道线路，工程体量大，同时光谷地区人流量尤其是学生客流量大，综合体逃生疏散、消防防灾应简便快速。

③ 2 号线光谷广场站已运营，区间起点标高已定。

2 号线光谷广场站已实施，南延线区间线路起点标高已定，为保证 9 号线线路上方及圆形换乘大厅的空间高度，南延线线路须以最大坡度下沉。

5. 设计目标

　　为了保留人们对城市的记忆，设计考虑保留光谷广场的原始圆盘形态，充分利用地下空间实现各种交通的整合及周边地块的衔接，延续城市记忆，高效利用稀缺土地资源，实现机动车、非机动车、地铁、行人顺畅通行，解决城市中心节点交通瓶颈，实现城市中心节点交通功能最优化、资源利用集约化，塑造新的地标（图3.23、图3.24）。

图 3.23　建成后的光谷广场

图 3.24　光谷广场地下空间

建成后的光谷综合体总建筑面积 161672 m²，其中地铁车站约 69702 m²，公共空间 41059 m²，避难走道 1828 m²，鲁磨路市政隧道约 17883 m²，珞喻路市政隧道 28148 m²，鲁磨路、珞喻路过街通道 2531 m²，主变电缆通道 521 m²。

车站建筑设计

1. 设计思路

① 光谷综合体采用以流量预测为主导的设计方法，通过对区域交通的机动车、非机动车、人行（包括进站客流、出站客流、过街客流、商业客流及其他客流等）的流量进行预测，并基于枢纽交通线路的交叉形态，对枢纽内的交通动线、流向、流量进行仿真模拟，得到枢纽区域的人员随时间的分布密度、交通流量、换乘强度等数据（图 3.25 ~ 图 3.28），进而确定交通空间形态和规模，构建并优化立体交通的空间模型，实现枢纽的安全、高效、便捷。

图 3.25　交通流量预测

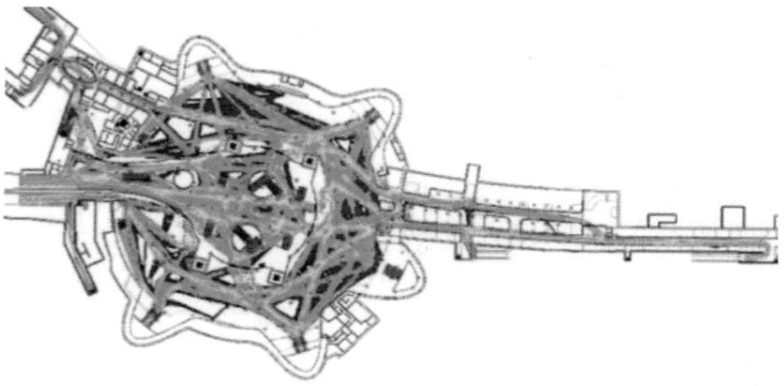

图 3.26　最大客流密度

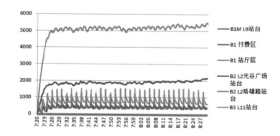

图 3.27　瞬时人流数据

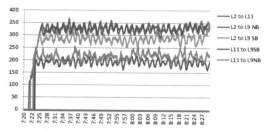

图 3.28　换乘时间需求

② 通过地面机动车环道、地下非机动车环道、地下人行环道与公共空间三环层叠，解决节点内部的机动车、非机动车、行人的循环与连通，通过多条公路隧道、地铁线组成的放射交通线，节点与外部顺畅连接与疏导（图 3.29）。研究构建的公路隧道－地铁－地下空间－非机动车地下环道综合体，解决了车行交通、非机动车、地铁换乘、人行过街的立体分流和顺畅通行，整合地

下空间资源，实现了与周边各地块的互联互通。同时在枢纽布局中针对 N 条交通线路交会、其中 M 条方向一致的综合交通枢纽，构建了基于同向归并、异向立交、地下高架交通线的 $N-M$ 层地下空间立体布局，创造了畅通无阻隔的大型地下交通空间，有效解决困扰设计与运营方的多线换乘流线交织、换乘空间被线路分隔的难题，保障最优交通功能，同时相比常规解决方法，节约 M 层地下结构，大大节省了基坑深度和整体投资。该方法开创了解决城市中心节点交通瓶颈、高效利用稀缺土地资源的新模式，实现了城市中心节点交通功能最优化、资源利用集约化，为解决各类型城市中心节点交通问题提供了可参照的基本方法。

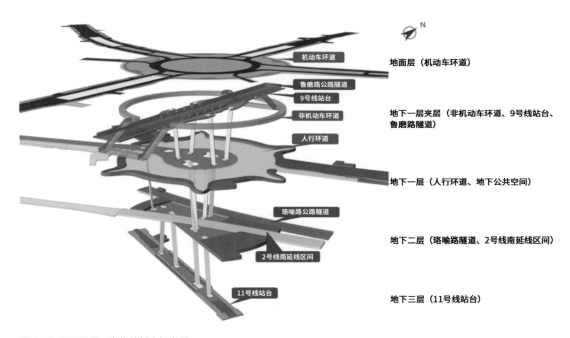

图 3.29 三环层叠、多线放射空间布局

③ 光谷综合体超大型枢纽地下空间功能复合且复杂，不仅承担着区域交通疏解功能、缝合城市商业空间功能，同时还承担着城市门户形象的功能。光谷综合体从使用者及城市发展需求出发，为构建高品质地下空间，从人为感知出发，围绕人们对通过对地下空间"安全、高效、舒适、绿色"四个方面的体验，并根据城市地下空间物质及功能要素在"量"和"质"两方面对人群的生理、社会及心理的适宜程度，建立了质量及效益评价指标体系并通过系统指标评级，解析综合体地下空间舒适度并根据其进行方案优化，实现了光谷综合体整体功能空间布局的优化。

2. 空间布局

光谷综合体的空间布局设计围绕中央圆形换乘大厅组成，大厅的中心即光谷广场的中心，同时将 9 号线与地铁 11 号设置在圆形大厅范围内，强调其中心地位。地面 6 条道路之间的区域设置下沉广场，与道路的放射性空间结构相对应，除鲁巷广场区域因用地受限设置了普通出入口外，其余 5 个均为下沉式出入口，实现地下与地上空间的对应与联系，从心理上给予市民抽象化的方向暗示，以此实现地上与地下的统一，为市民快速建立地下空间的认知地图。同时，结合珞喻路两侧土地利用强度高的特征，在鲁巷广场及光谷国际之间的地下空间，及连接珞雄路站与光谷广场站的地下空间，形成广场核心及珞喻路轴线的"核心 - 轴向"的空间，重点实现与步行街、光谷国际、鲁巷广场、光谷书城之间地下衔接，并做好西南、东北两个未开发地块的衔接预留设计[①]（图 3.30 ）。

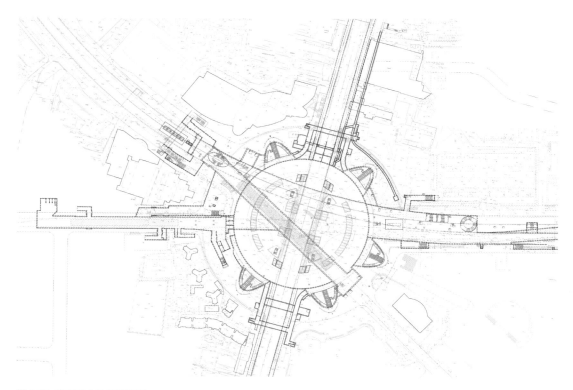

图 3.30 光谷综合体总平面图

珞喻路、鲁磨路下穿市政通道为十字形分离交叉，下穿光谷广场地下空间，为实现地铁车站与下穿市政通道同期实施、共同开挖，设计优化珞喻路市政通道使之与 2 号线区间分离同层设计；因光谷广场站 2 号线已开通运营，已实施部分轨面标高 14.802m，道路标高 30.00m，故南延线区间、鲁磨路隧道位于光谷广场地下空间的地下二层（图 3.31 ）。

---

① 引用《光谷步行街与地铁换乘枢纽整合研究》。

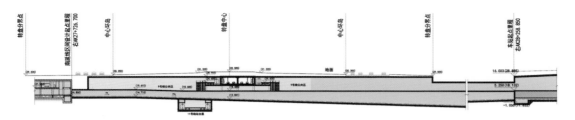

图 3.31 层高关系分析

因鲁磨路隧道与 9 号线区间平行，将 9 号线区间与隧道结合设计，故 9 号线站台设计为侧式站台，为方便乘客换乘，11 号线设计为岛式站台。

从最优功能出发，将 9、11 号线站位集中布置，工程为地下三层，将贯通的地下一层作为地铁换乘和交通层，9 号线站台及鲁磨路隧道位于地下一层夹层。地下二层为 2 号线南延线区间、珞喻路隧道、换乘转换厅及 9、11 号线设备用房。地下三层为 11 号线站台层（图 3.32）。

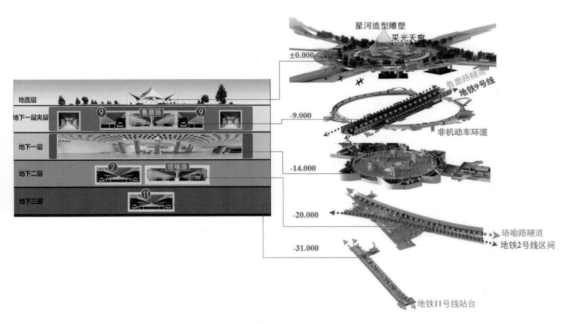

图 3.32 光谷综合体剖切示意图

3. 平剖面设计

光谷综合体各层设计见图 3.33 ~ 图 3.36。

光谷综合体通过地面环岛、地下一层夹层鲁磨路隧道及地下二层珞喻路隧道解决了片区机动车通行问题；地下一层夹层设置非机动车环道及人行环道，解决非机动车过街及人行过街问题，构建地下慢行系统，实现人车分离、机非分离。

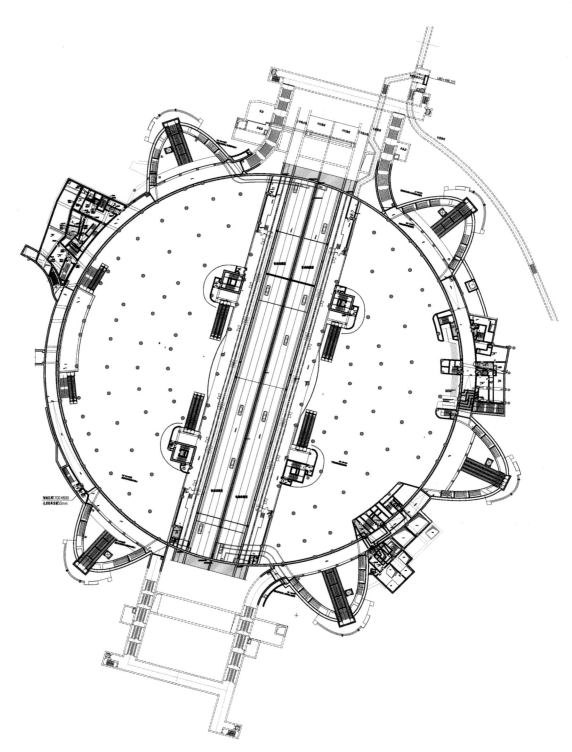

图 3.33 光谷综合体地下一层夹层平面图

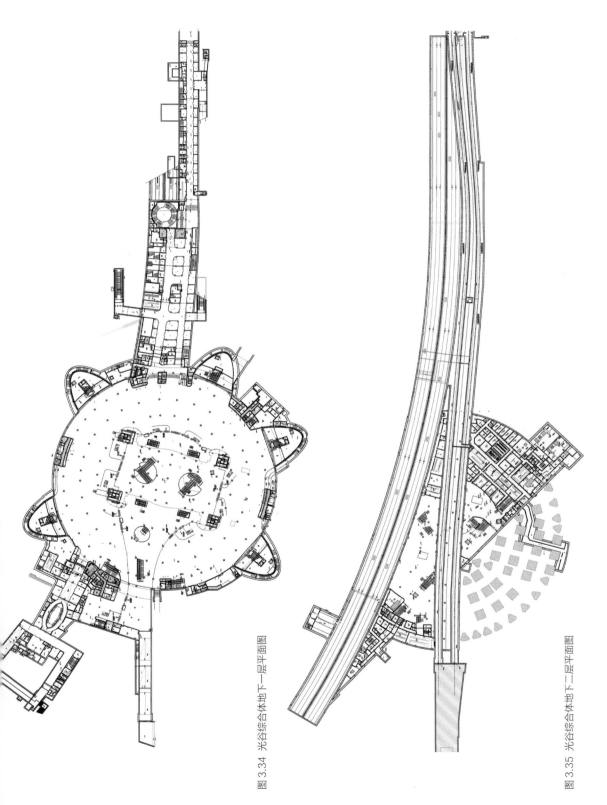

图 3.34 光谷综合体地下一层平面图

图 3.35 光谷综合体地下二层平面图

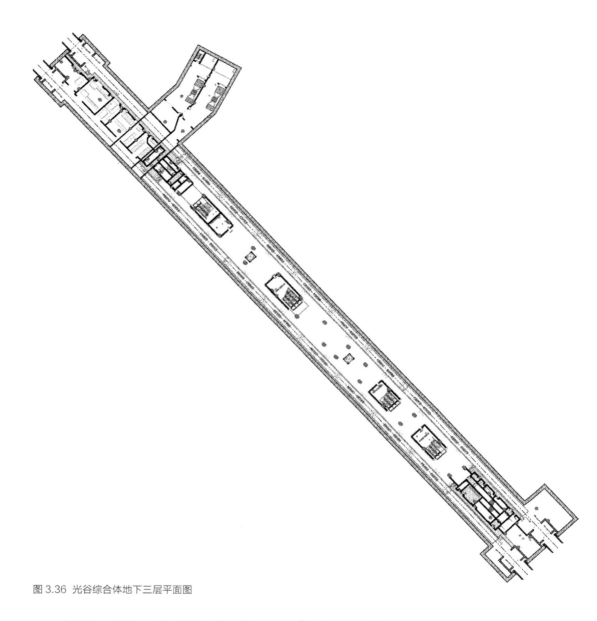

图 3.36 光谷综合体地下三层平面图

光谷综合体地下空间规模超大，达 160000m²，地下空间的疏散需设置大量的疏散楼梯、风井及排烟天窗等，为了最大限度地保留光谷广场的城市记忆，减少对地面景观的破坏，打造城市区域地标，设计首先考虑设置下沉广场及无盖出入口、设置低风井及下沉式冷却塔等，减少地面凸出物，同时创新性采用了地下一层夹层非机动车环道兼作避难走道的方式，大量减少了地面的疏散口数量，最大限度保留了地面景观的完整性（图 3.37）。

地下一层为主要的共享大厅，这里容纳了各种类型的客流（主要为轨道交通客流、人行过街客流及商业客流等），是主要的人流聚集区，同时也是光谷综合体的核心区域。因此，地下一层共享大厅的流线及空间是设计的重点。

图 3.37 光谷综合体地面景观

① 流线设计。

9 号线创造性地采用地下站厅高架站台的布局，站台在上、站厅在下的布局形式，利用了光谷广场中心大圆盘景观广场空间，使乘客可从站台上直接疏散，独特的空间结构方式形成了一个贯通无阻隔的地下一层换乘大厅，使得客流的主流线通畅，同时在付费区接入 2 号线光谷广场站的 10m 通道上方，设置跨越的天桥，使得整个地下空间通畅无阻（图 3.38）。

2 号线与 9、11 号线换乘：因 2 号线与光谷广场地下空间对接仅在非付费区留有通道（图 3.39），此种换乘方式不够便利，故本次设计考虑在尽量不影响 2 号线运营的前提下，对 2 号线公共区进行部分改造，以实现 2、9、11 号线付费区换乘。设计考虑将既有付费区适当扩展，在车站外侧新建换乘通道，将 2 号线光谷广场站付费区与 9、11 号线付费区大厅连通；同时在 2 号线光谷广场站端部新增接口，与 9、11 号线非付费区通廊连通（图 3.40）。

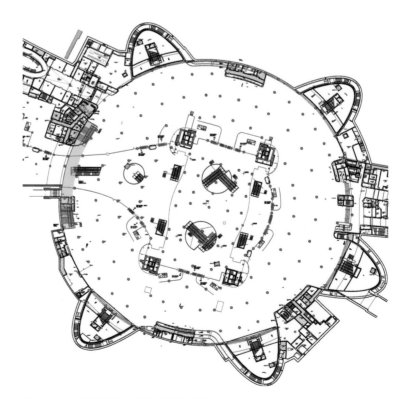

图 3.38 跨越付费区换乘通道天桥位置示意图

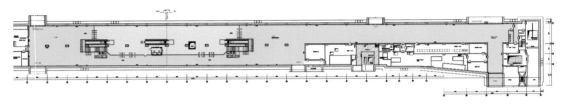

图 3.39 2 号线公共区改造前方案

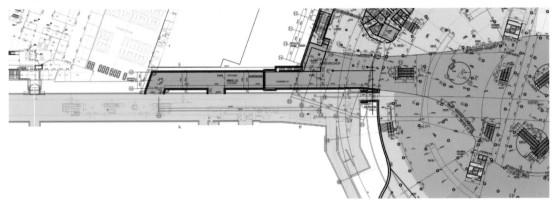

图 3.40 2 号线公共区改造后方案

9 号线、11 号线换乘：通过地下一层付费区大厅内的 2 个中庭形成交通核进行换乘；付费区外环区为 9 号线进出站客流，内环区为进出 11 号线及换乘客流；乘客换乘简单便捷，人行流线清晰规则。

② 空间设计。

为了弥补地面道路交通对商业体之间的分隔，最大限度地利用地下空间，沿广场核心地下空间向东西向分别延伸，在珞喻路隧道上方设置经营性商业配套空间，将周边地块商业延伸到地下空间中，形成网络化地下商业，加强了商业之间的交流，为市民提供了便捷服务。

与此同时，地下空间尺度的设计也是我们研究的重点，作为一个大型地下空间综合体，合理的空间尺度是其内涵，体现了建筑的性格。光谷综合体是城市重要交通枢纽节点、城市核心功能节点及城市空间门户形象节点，地下空间应展现其开放性和包容性。

地下一层夹层地下环道净宽为 6m，装修后净高为 2.6m，同时与 5 个下沉式出入口相连；整体空间高度虽不高，但因与开放空间相连，虚实变化，环形通道空间较为舒适（图 3.41）。为保证环形通道整体贯通，在穿过鲁磨路隧道及 9 号线区间时，设置楼梯进行下穿，同时为了解决鲁磨路及民族大道两侧过街不便的问题，在下穿连接通道处，设置直达地面的垂直电梯，方便市民使用。

图 3.41 地下一层夹层非机动车环道

　　地下一层换乘大厅为综合体核心空间，综合几个主要限制因素（如既有 2 号线光谷广场站区间标高已定，穿越光谷广场的 2 号线南延线区间调整余地不大等），设计整体考虑结合圆盘中心为景观广场，将圆盘中部上抬 1m 后，地下一层埋深约 14m，地下一层大厅装修完成后净高约10m。9 号线站台位于地下通高大厅的中部（图 3.42），如同挑空通高二层的城市客厅中的阳台，站台上引入空气和阳光，站在晒满阳光的"阳台"上，等待乘车的同时，还可观赏整个大厅景观。9 号线站台上部和下部净高均保证在 4m 左右，避免了空间的压抑感，增加了空间层次。

图 3.42 地下一层大厅中部

　　整个大厅圆盘直径约 200m，外环 10m 范围内上方为非机动夹层环形通道，下方除出入口及通道外，设置综合体必要的设备用房，剩余 180m 范围均为公共区域，其中中央换乘大厅付费区约90m，外环两侧的非付费区各 45m，各部分尺度根据各种类型的客流设计后，通过客流模拟软件进行局部优化得出最优设计（图 3.43）。为使整个地下空间达到最佳效果，柱网的设计在 45m 宽非付费区圆环处采用 3 跨 15m 大跨度结构；中央付费区人流密集，从付费区边线至 9 号线站台边缘直接采用一个 26m 超大跨，达到了开阔地下空间的效果，同时设置采光天窗，引入阳光和空气，提高地下空间舒适度和亲和力，展现光谷的开放与包容（图 3.44）。

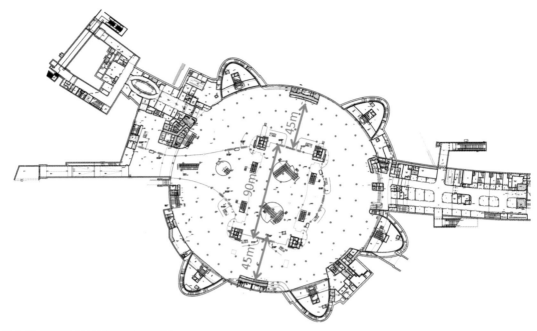

图 3.43 光谷综合体付费区及非付费区

图 3.44 光谷综合体天窗实景

　　综合体地下一层大厅付费区内设置 4 组扶梯通向 9 号线站台，中部设置 4 组楼扶梯通往 11 号线，其中一组直达站台，另外三组通过地下二层换乘厅转换后到达，付费区西侧设 10m 宽换乘通道与 2 号线光谷广场站连通。非付费区周边设置 5 个下沉庭院入口直通地面。换乘大厅的东西两侧利用珞喻路隧道上方空间设置的经营性商业空间，每侧各设置一个下沉广场形成商业空间的节点。其中东侧商业空间与 2 号线珞雄路站公共区连通。这里不仅是个交通枢纽，同时也将周边商业地块串联起来形成网络，给市民提供日常购物服务。

　　综合体地下二层中部为换乘转换厅、2 号线区间、珞喻路隧道及地铁 9、11 号线设备用房区。地下二层 11 号线转换厅装修后吊顶高 3.0 ~ 3.6m（图 3.45）。

图 3.45 下至地下二层转换厅的中庭空间

地下三层主要为 11 号线站台层及部分设备用房区。站台层装修后净高 3.6m（图 3.46）。

4. 设计创新

① 同时解决多个城市难题。

两条市政地下下穿通道引导过境机动车快速通行，减缓城市核心区域的交通负担，极大地改善了周边环境，解决了困扰光谷广场多年的交通拥堵问题。

在有限的空间内组织 3 条线 4 个站的地下换乘，通过地铁带动城市核心空间的高效发展。通过城市地下轨道交通的建设连通整个城市地下空间，为"TOD"模式提供一种全新的思路，即利用市政工程建设把以往分散的城市地下空间联网。

联通周边所有的地下空间，形成一个集出行、娱乐、防灾于一体的地下网络，在带来出行便利的同时整体提升空间价值。

沿光谷广场综合体周边设置一圈非机动车环形地下通道，通道在每个地块下沉庭院均设置出口，解决自行车、行人等慢行系统的过街需求，支持绿色交通出行，解决了机非混行所带来的安全隐患，这在国内尚属首创。

② 打造地标。

中心圆盘雕塑主题为"星河"。雕塑最大高度 40m，中心直径 90m，主体龙骨重量近 1100t。主体表层不锈钢材质，锻造焊接，镜面抛光。星河雕塑在中心环岛的空间中逐渐显现，跃动的"星河"挑空部分绕开

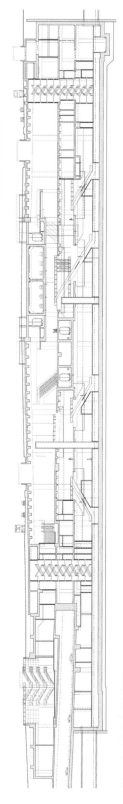

图 3.46 光谷综合体剖面图

中心环岛的采光天窗，构筑与地面的六个连接点分别置于地下结构空间的六根支柱上，与中心环岛的现状空间完美契合（图3.47）。

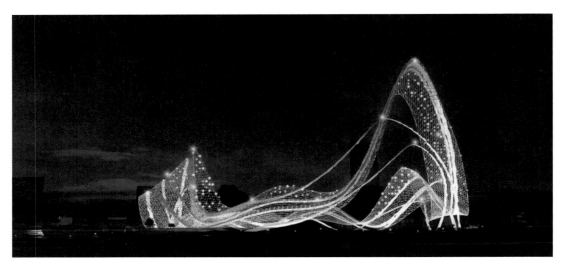

图3.47 星河夜景
图片来源：湖北美术学院

③ 创造舒适的地下空间。

地下空间封闭在地下，内部环境没有阳光，也没有气候的变化，空间组合方式单一，容易引起人们枯燥乏味、沉闷封闭等心理反应。

光谷广场综合体地下空间面积大、区域广、使用时间长，营造良好的地下空间，对于改善地下空间环境、舒缓乘客心理等均具有重要意义（图3.48）。

图3.48 大跨度、高大净空

　　光谷广场综合体地下一层内部空间面积大，不能完全通过外窗或玻璃幕墙进行自然采光。为改善室内的光环境，降低照明能耗，利用地面景观广场，在顶板设置自然采光天窗，将自然光引入综合体内部，最大限度地将内外空间融为一体，同时节省了照明用电量。

　　室内外空间的融合：采取下沉广场、采光天窗等设计手段，将阳光引入地下空间，形成内外交融，有阳光，有绿化，有宜人的地下空间。

　　利用采光天窗进行自然排烟、通风，满足火灾时消防要求，同时保障非空调季节地下空间的空气品质。通过数值模拟软件对自然排烟效果及非空调季节自然通风室内的温度场、速度场等进行模拟，对既有设计方案的合理性进行验证。通过模拟结果优化设计方案，自然采光带在满足火灾时自然排烟的同时兼顾了非空调季节的通风，保障了地下空间的消防安全，并提升了地下空间的空气品质。

　　光谷广场综合体客流大、地下空间面积大、区域广，采用高净空、大跨度的空间结构方式可以营造良好的地下空间，对于改善环境、舒缓乘客心理等具有重要意义，同时有利于消防排烟和节省工程投资。

　　设计方案中，地下一层大厅结构净高 9 ~ 11.5m，装修吊顶后净高 8 ~ 10.5m，同时对钢筋混凝土箱形框架结构进行了优化。由于工程主体轮廓呈圆形，柱网沿环向、径向布置，框架柱跨一般为 15.0m，中央付费区最大柱跨近 26m。高净空、大跨度空间结构使得地下空间品质、舒适度大大改善。在空间艺术性方面，遵循建筑设计形式美原则，即变化与统一、均衡与稳定、比例与尺度、节奏与韵律。装修风格呼应换乘圆盘，以曲线为主，风格纯净、明亮，营造出有特色的地下空间（图3.49、图 3.50）。

图 3.49 光谷综合体室内效果图

图 3.50　室内外空间融合

④ 打造具有识别性的地下空间。

光谷综合体体量大且为圆形，设计考虑将设于周边地块的五个大型下沉广场及其地面广场景观，分别以"金、木、水、火、土"五行传统文化主题进行设计，创造性地通过色标导向来实现快速分流，辨识度清晰，视觉效果好，同时鲜艳的色彩给大厅注入了活力，整个大厅营造了一种童话般的氛围。每个下沉广场及其地面广场的主题色调对应 5 个象限的地块业态特征，大大提高了空间的识别度和方向感。塑造的地标景观蕴含传统文化，室外室内融合，地面地下一体，创造优美城市环境，实践了站城一体化（图 3.51）。

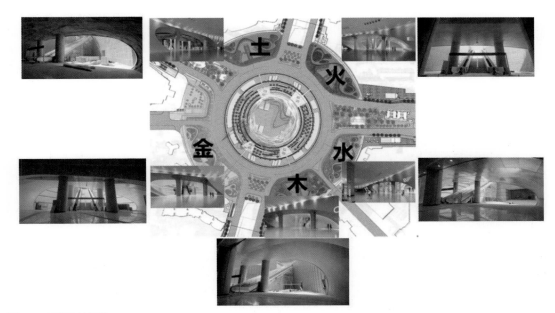

图 3.51 五行设计元素

⑤ 超大规模客流组织与最优化。

光谷广场综合体地上汇集 6 条城市道路，地下融合 3 条地铁线、2 条市政隧道以及城市地下步行交通系统，设计远期节假日全日集散客流量 40 万人次，需要 1 万辆公交车辆才能集散，工程设计远期客流高峰小时达到 8.8 万人。因此需要合理高效地组织各类客流，避免交叉，同时保证在火灾等紧急情况下人员的安全疏散。

a. 为解决 9 号线换乘厅的分隔问题，并保留一个贯通的交通层，将 9 号线站台上抬到地下一层夹层，创造性地采用地下站厅高架站台的布局，将整个地下一层大厅设置为贯通的地铁换乘和交通层，大厅内部不设置商业，独特的空间结构方式形成了一个无阻隔的地下一层换乘大厅，使得客流的主流线通畅；同时在 9 号线站台设置直出地面的楼梯，解决地下高架站站台疏散问题。

b. 大厅与周边地块通过五个大型下沉广场直接连接，并设置足够运量的楼扶梯作为人行输送设施，达到人员快进快出、规避重大安全隐患的目的（图 3.52）。

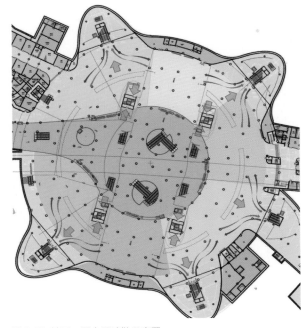

图 3.52 地下一层大厅疏散示意图

　　c. 将综合体作为一个完整的动态系统，对各型交通进行三维仿真模拟和设计优化（图3.53），将主要客流流线分为社会人流过街、地铁进出站、内部换乘三类，通过对三类客流进行精细设计组织（图3.54），避免三类流线的交叉，以免造成对冲，同时缩短换乘距离，提升换乘服务水平；通过仿真分析研究不断寻找影响通行的"瓶颈"并进行改进和优化，实现最优交通功能。

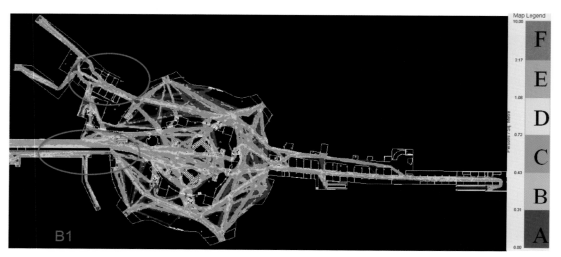

图 3.53　最大人流密度

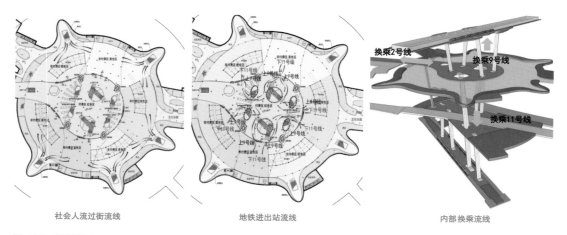

社会人流过街流线　　　　　　地铁进出站流线　　　　　　内部换乘流线

图 3.54　客流组织

　　d. 通过对各类火灾场景下的三维人员疏散仿真模拟和设计优化，结合疏散要求和仿真模拟，在大厅中部结合地铁设施设置和优化疏散通道，确保紧急情况下就近快速疏散人员，保证安全（图3.55）。

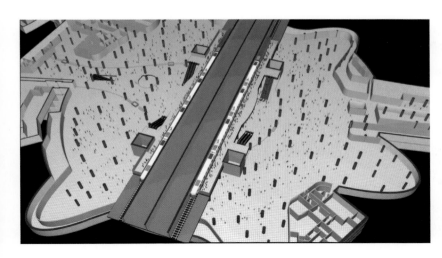

图 3.55 综合体客流模拟

　　e. 设置兼具疏散功能的环形过街通道，同时解决综合体疏散问题。位于地下空间浅层的避难走道兼过街通道串联地面不同象限，也与地下多个防火分区疏散口串联成为一个立体救援体系，保障了综合体地下空间的安全（图 3.56）。

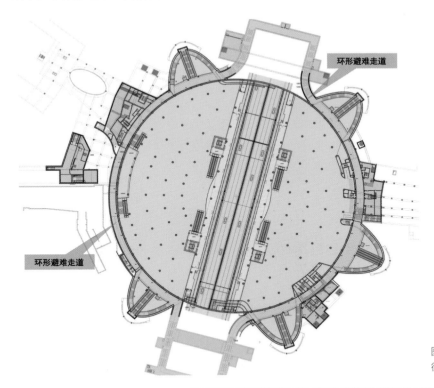

图 3.56 环形避难走道兼过街通道

建筑消防设计[①]

　　光谷综合体消防设计难点在于，光谷综合体车站作为一个 3 线换乘的大型车站，具有较大的

───────────

客流量，需要较大的空间供旅客候车或换乘。地下一层圆形站厅层公共区面积达到了 31015m²，设计中重点考虑了乘客的安全疏散，同时开展了消防性能化设计，解决光谷综合体地铁站防火分区面积过大的问题，保障综合体的消防安全。

1. 防火分区的划分

① 地铁车站公共区防火分区。

整个地铁车站公共区划分为一个防火分区，总建筑面积为 41813m²，包括地下一层夹层 9 号线站台 3088m²，地下一层圆形站厅 31015m²，地下二层换乘厅 5186m² 及地下三层 11 号线站台层 2524m²。

② 地铁设备区防火分区。

地下一层换乘大厅周边地铁设备用房划分为 8 个防火分区；地下二层转换厅两端设备区划分 5 个防火分区；地下三层站台层两端设备用房划分为 2 个防火分区。地铁设备用房防火分区面积均不大于 1500m²。

③ 物业区防火分区。

地下一层夹层物业开发设备用房划分为 2 个防火分区；地下一层物业开发划分为 8 个防火分区。每个防火分区面积均不大于 2000m²。

2. 消防疏散

① 地下一层圆形大厅。

地下一层公共区共设置 13 处安全出口疏散至地面及避难走道：位于非付费区的 5 个下沉庭院、1 个出入口及 2 部疏散楼梯，位于付费区中部的 4 组疏散楼梯间及 2 号线付费换乘通道中的 1 部疏散楼梯间。大厅中任意一点距离疏散楼梯间均不超 50m。

② 9 号线站台层。

9 号线站台为侧式站台，位于地下一层夹层，每侧站台设置 2 组（共 4 组）疏散楼梯间，往上疏散至地面；每侧站台设置 2 组（共 4 组）自动扶梯，往下疏散至地下一层站厅，站台上最远点距离疏散口的距离不大于 50m。

③ 地下二层换乘厅。

地下二层换乘厅共分为两个区域，设置四组楼扶梯至地下一层站厅，其中大换乘厅 3 部，小换乘厅 1 部，换乘厅最远点距离楼扶梯的距离不大于 50m。

④ 11 号线站台。

11 号线站台位于地下三层，为岛式站台，共设置 4 组楼扶梯，其中 3 组楼扶梯疏散至地下二层转换厅，另外 1 组扶梯直接疏散至地下一层站厅层，此外，站台公共区两端还设置 2 部防烟楼梯间供疏散使用，站台上任意点距离疏散口距离均不大于 50m。

⑤ 地铁设备区消防疏散。

设备区防火分区分为有人区和无人区，每个防火分区均设置两个疏散口，其中有人区至少设置一部直通地面的楼梯间。

⑥ 地下一层夹层避难走道。

地下一层夹层避难走道分为西侧避难走道和东侧避难走道。其中西侧避难走道设置 5 个直通地面出入口，连接 2 个防火分区（地铁 1 个，物业开发 1 个）；东侧避难走道设置 6 个直通地面出入口，连接 6 个防火分区（地铁 4 个，物业开发 2 个）。任一防火分区通向避难走道出入口不大于 60m。避难走道的宽度不小于任一防火分区通向该避难走道的疏散宽度。防火分区至疏散走道入口处设置不小于 6m^2 防烟前室，前室内设置加压送风系统。同时避难走道内设置消火栓、应急照明、应急广播及消防专线电话。避难走道日常兼非机动车过街，可自然通风，不设置排烟。

3. 疏散时间

① 疏散开始时间 t_{start}。

疏散开始时间可分为火灾报警时间和人员反应时间。

② 疏散行动时间 t_{action}。

疏散行动时间由人员疏散软件 Pathfinder 模拟得到，并保守考虑，取 1.5 倍的安全系数。

③ 疏散所需时间 T_{RSET}。

综上所述，本报告中光谷广场综合体的人员安全疏散所需时间为：

$$T_{RSET} = 120 + t_{action} \times 1.5 \qquad (3.1)$$

4. 疏散路线

在地铁设计和运营过程中，一个地铁车站的疏散目标是在规定的时间范围内将灾害范围内的人员疏散至安全区域。所以地铁人员的疏散策略应综合考虑地铁车站形式、火灾场景、疏散人数、疏散路径、疏散安全区、疏散有效可用时间等诸多因素。光谷广场综合体的基本疏散策略如下。

① 当地下一层圆形站厅、换乘厅或 9、11 号线站台发生火灾时，通过该站的 9、11 号线地铁列车不在该站停留，直接驶离该站，由于 2 号线与地下一层圆形站厅的换乘通道在火灾时关闭，不能作为相互借用的安全出口，2 号线列车正常运行；反之，2 号线发生火灾时，2 号线地铁列车不在该站停留，而是直接驶离该站，9、11 号线正常运行。

② 当行驶到站的列车发生火灾时，着火列车一侧的屏蔽门全部打开，列车上的乘客通过屏蔽门疏散到站台，当列车靠站而车门与屏蔽门没有对上位置时，仅屏蔽门、应急疏散门和对应的车门打开供人员疏散。

③ 车站站厅人员直接通过站厅出入口疏散至室外；车站换乘厅和站台上的人员首先通过楼扶梯及封闭楼梯间疏散至站厅层，再通过站厅的出入口疏散至室外。此外，车站人员还可以通过车站设置的直通地面或过街通道的封闭楼梯间进行疏散。

④ 紧急疏散时，所有的闸机通道均打开供人员疏散使用，包括进站闸机、出站闸机和员工通道，应与火灾探测信号联动。站厅出入口附近发生火灾时，该出入口部不再作为疏散口使用。

光谷综合体的人员疏散路线详见图 3.57～图 3.60。

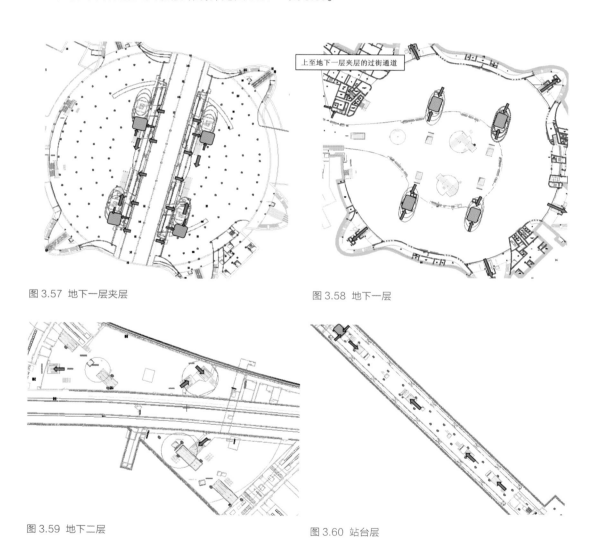

图 3.57 地下一层夹层

图 3.58 地下一层

图 3.59 地下二层

图 3.60 站台层

5. 人员疏散模拟

根据光谷广场综合体结构尺寸和人员分布建立 Pathfinder 模型，如图 3.61～3.65 所示。

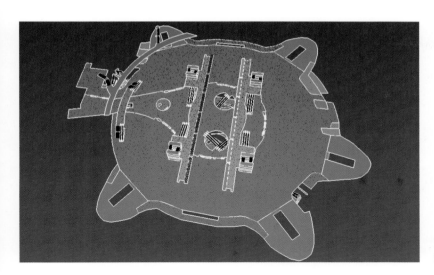

图 3.61 光谷广场综合体疏散模型示意图

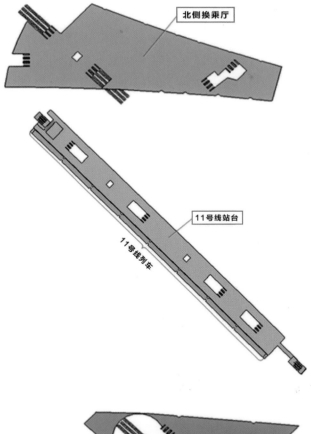

图 3.62 地下三层 11 号线站台疏散模型示意图

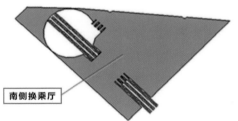

图 3.63 地下二层换乘厅疏散模型示意图

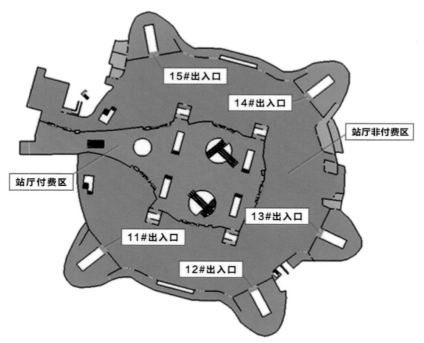

图 3.64 地下一层站厅疏散
模型示意图

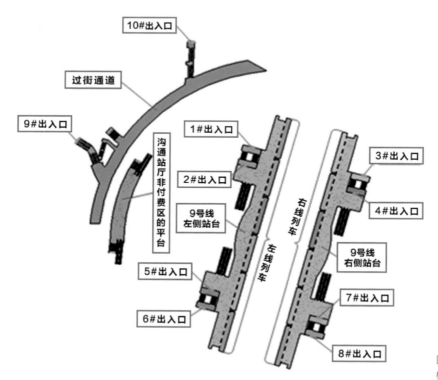

图 3.65 地下一层夹层疏散
模型示意图

　　《武汉光谷广场综合体工程消防性能化评估报告》对于设定的火灾场景对应 6 个疏散场景，均进行了人员疏散模拟，且模拟结果均满足疏散要求。本书篇幅有限，因此选取了其中最不利疏散场景，即火灾发生在地下三层 11 号线列车内的情况进行论述（图 3.66 ～图 3.69 ）。

　　该疏散场景中，地下三层 11 号线站台所有人员撤离地下三层站台的时间为 525s，地下二层换乘厅所有人员疏散到站厅的时间为 531s，地下一层夹层 9 号线所有人员撤离地下一层夹层站台的时间为 57s，地铁站全部人员撤离站厅的时间为 628s。考虑到地铁火灾确认时间和人员预动作之和为 2 分钟，人员行动时间按 1.5 倍的安全系数进行计算，得到该场景一下人员所需要的疏散时间为 1062s，小于 1200s，满足规范要求。

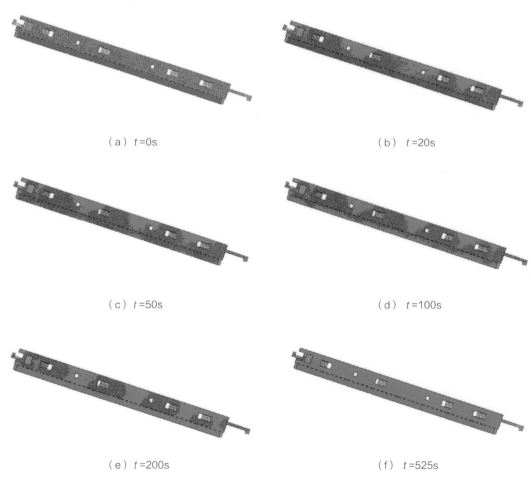

（a） t =0s　　　　　　　　　　　　　（b） t =20s

（c） t =50s　　　　　　　　　　　　　（d） t =100s

（e） t =200s　　　　　　　　　　　　　（f） t =525s

图 3.66 地下三层疏散模拟

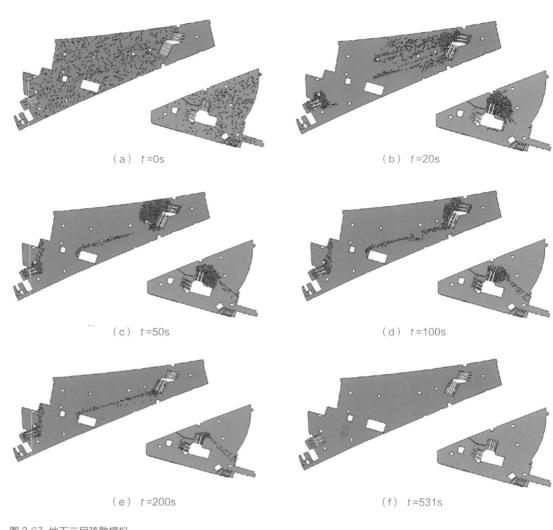

（a） *t* =0s （b） *t* =20s

（c） *t* =50s （d） *t* =100s

（e） *t* =200s （f） *t* =531s

图 3.67 地下二层疏散模拟

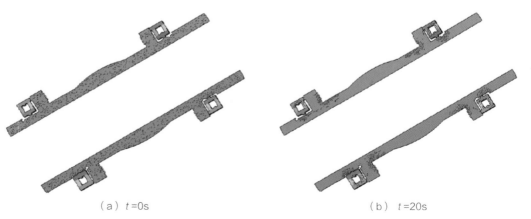

（a） *t* =0s （b） *t* =20s

图 3.68 地下一层夹层疏散模拟

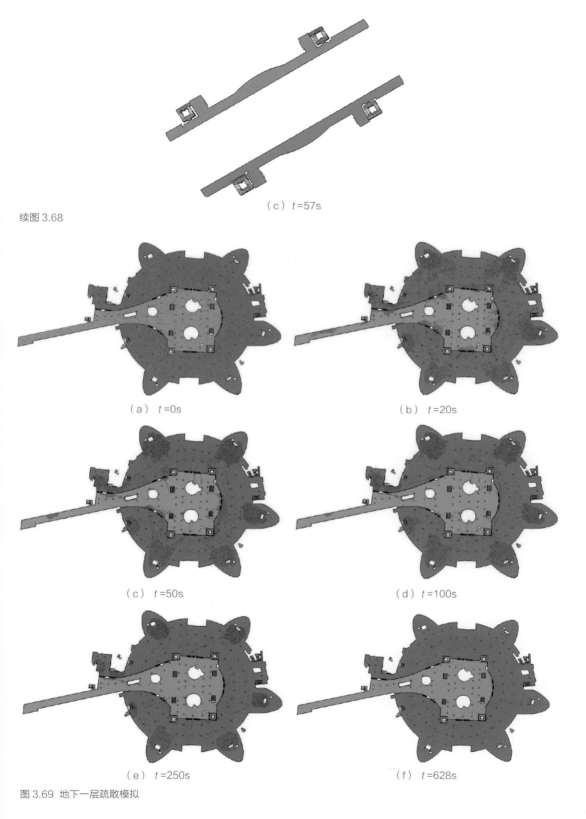

续图 3.68

（c） t =57s

（a） t =0s

（b） t =20s

（c） t =50s

（d） t =100s

（e） t =250s

（f） t =628s

图 3.69 地下一层疏散模拟

6 地下空间品质的考量

我国城市地下空间缺乏相关绿色、环保、健康和安全运营的要求，地下空间总体品质不高。铁四院主导、中国岩石力学与工程学会发布的《城市地下空间品质评价标准》（T/CSRME 012—2021），遵循系统性、综合性、层次行和可操作性原则，围绕"安全、舒适、高效、绿色、质量、效益"6 个维度，建立了基于"以人为本""强化品质"的 132 个分项评价指标体系（图 3.70）。

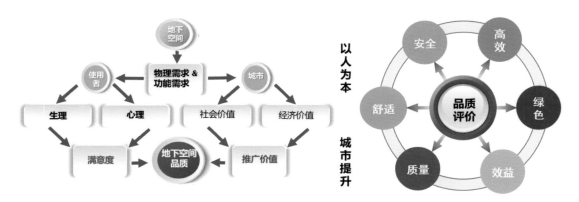

图 3.70 品质评价需求及指标体系

光谷综合体项目建筑设计之初，或主动、或被动地融入了许多相关指标，如舒适性指标和高效性指标。

舒适性指标

提高地下空间舒适性应从规划设计源头上缓解"幽闭空间恐惧症"，其根本需求是从人体感知出发，从人体对空间复杂度、丰富度，空间意向性，可识别性，生理舒适性等方面入手，降低使用者对地下未知空间的恐惧，提高体验感。城市地下空间舒适性评价指标如表 3.1 所示。

高效性指标

城市地下空间复杂空间网络形态如何实现人流高效流转及整体品质的提升，其关键在于提升使用者在内部的通行及功能运转的效率，因此从路径及主要节点的通畅性、可达性出发，构建的高效性评价指标如表 3.2 所示。

以评价指标指导方案决策

光谷综合体项目利用该评价系统，得出了一组结论：安全度评价 72 分、舒适度评价 70 分、便捷度评价 86 分，这三项指标令人满意；而美中不足的是可持续方面的评价分数不高。

评价系统中所采用的各项指标，无疑是我们设计中应予以关注的因子，特别是对于社会公益型项目。

表 3.1 城市地下空间舒适性评价指标

一级指标	二级指标	三级指标	
		三级指标	评分项
舒适性指标	空间形态舒适性	空间尺度	主体空间尺度；通道尺度
		空间丰富性	空间丰富度
		空间开放度	外部景观进入；自然光引入
	生理环境舒适性	声环境舒适性	背景声场控制；混响时间
		光环境舒适性	眩光控制；设计光照及照度设计的均匀性；人工光谱设置
		热湿环境及空间质量	温湿度控制；空气质量控制
	功能与服务舒适性	功能丰富性	主体功能空间占比；公共空间占比；休憩空间占比
		设施服务性	休憩设施与服务设施；无障碍设施
		服务效率	服务时间；服务便利性
	审美体验舒适性	景观标志性	地区标志性；内部标志性
		环境艺术性	艺术品设置；空间造型
		文化特色性	区域文化体现；表达多样性

表 3.2 城市地下空间高效性评价指标

一级指标	二级指标	三级指标	
		三级指标	评分项
舒适性指标	外部连通可达性	外部连通设计	停车位配置数量；可达性；畅通性
		出入口设计	出入口布置；功能实现度
		公共交通接驳	接驳方式；接驳便利性
	内部连通可达性	内部可达性	标志性节点；出入口距离
		连通协调性	渗透性；识别性
		连通路径设计	路径数量；路径距离
	连通道可达性	连通方式	主线通道；支线通道
		通道尺度	通道宽度；通道长度
		设施设备	连通设施类型；设施设备便利性
	组织管理	导向标识	连续性；可理解性
		瓶颈管理	人为瓶颈
		智能智慧化辅助设施	智能智慧化辅助设施的使用；实现交通流的实时化智能控制及分流

规划道路中线
d600规划污水管道（保留）
d1550规划给水管道（新建）
DN500规划燃气管道（局部迁改）
规划电信管群内（局部迁改）
规划道路边线
在鲁磨路隧道及地铁9号线下方散设过街箱涵

鲁磨路

LMD-560
LMD-550
LMD-530
截口段设计止点
暗埋段设计起点
LMD-520
LMD-510
LMD-500
LMD-490
LMD-480
LMD-470
LMD-460
LMD-450
LMD-440
LMD-430

民族大道
LMD-390
隧道接设计止点
截口接设计起点
LMD-400
LMD-410

规划道路边线
规划电力管沟（局部迁改）
规划电信管群（局部迁改）
d1000规划雨水管道（新建）
DN400规划燃气管道（局部迁改）
d500规划污水管道（局部迁改）
DN600规划给水管道（局部迁改）
DN400规划道路中线

珞喻路东段

按现状污水管渠

光谷街

Chapter 4
结构与隧道设计

1 工程划分

光谷广场综合体的工程实施范围如图 4.1 所示，按照其工程分布和结构特征，划分为地下空间和区间隧道两个部分。

1. 地下空间

地下空间包括圆形广场及广场东区、广场西区物业开发范围内的主体和附属工程，以及该范围内的地铁 9、11 号线光谷广场站、物业开发和整体结合建设的 2 号线南延线区间、鲁磨路隧道、珞喻路隧道、地下非机动车环道。

该部分工程线路交错，地铁车站、物业开发与合建的区间隧道构成复杂的空间关系，按照地下空间整体进行基坑和结构设计。

2. 区间隧道

圆形广场及广场东区、广场西区物业开发范围以外的隧道工程，包括鲁磨路隧道北段与 9 号线地质大学站—光谷广场站区间预埋段，鲁磨路隧道南段与 9 号线光谷广场站—雄楚大道站区间预埋段，珞喻路隧道西段、2 号线南延线明挖区间与珞喻路隧道东段。

该部分工程线路关系相对较为简单，均为同向或单一区间隧道，主要结合区段工程条件进行隧道设计。

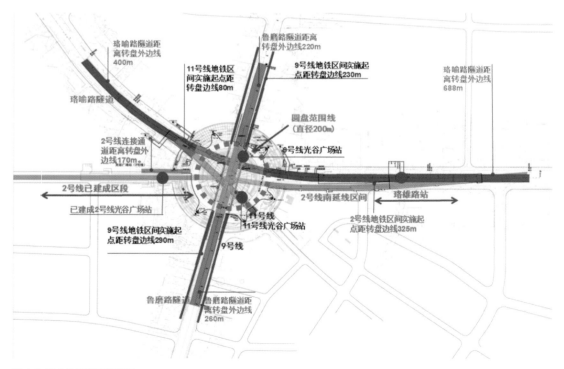

图 4.1 综合体工程实施范围

2 地下空间基坑设计

地下空间基坑工程概况

光谷广场综合体工程位于武汉市东湖新技术开发区光谷广场下方，2条主干道（鲁磨路—民族大道、珞喻路东段—珞喻路西段）、1条次干道（虎泉街）及1条光谷街在此相交形成6路环形交叉口。光谷广场西北方向为融众国际，西侧为武汉华美达光谷大酒店和既有地铁2号线光谷广场站，西南方向为湖北省中医院中医鲁巷小区，东南方向为光谷资本大厦，东侧为大洋百货和世界城光谷步行街等（图4.2）。市政管线主要分布于现状道路下方，广场中部也分布有部分管线。

工程场地地貌单元为剥蚀堆积垄岗区（长江三级阶地），地形总体较为平坦，地面标高在28.5～31.0m。场区覆盖层主要为填土层（Q^{ml}）、第四系全新统洪积层（Q_4^{al}）粉质黏土、第四系上更新统冲洪积层（Q_3^{al+pl}）黏土等，厚度及性能变化较大；下伏基岩复杂，岩性多变，主要为志留系（S）泥岩。

地下水主要为上层滞水和基岩裂隙水，上层滞水主要赋存于人工填土层中，静止水位在地面下0.3～3.0m；碎屑岩裂隙水主要赋存于泥盆系、志留系的石英砂岩、砂质泥岩等的构造裂隙及风化裂隙之中，在基坑开挖过程中需做好隔渗及排水措施。

光谷广场综合体工程结构顶板覆土1～3m，基坑深度范围内，从上至下依次为素填土，粉质黏土、黏土，残积土、强风化泥岩，中风化泥岩；工程底板主要位于志留系强风化砂质泥岩层（20a-1），该层岩体破碎，为极软岩，岩体基本质量等级为Ⅴ级，局部位于泥盆系中风化石英砂岩。

光谷广场综合体工程规模巨大，基坑投影面积近100000m²，空间关系极为复杂，平面不规则、竖向错层多，如此复杂的超大规模基坑工程国内尚无先例；同时工程周边环境条件十分复杂，周边高楼林立，地面交通拥堵，人车混行严重，地下管线密集交错。该超大复杂项目的工程筹划、交通疏解、管线改迁及其对周边环境影响是我们面临的巨大挑战。

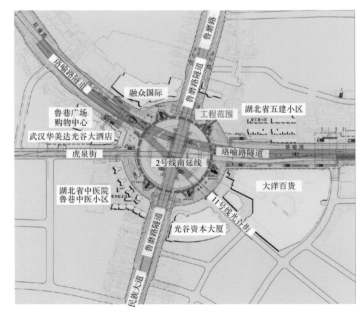

图4.2 光谷广场综合体工程总平面图

基坑工程实施方案

1. 地面交通现状及交通疏解

六路环岛通行能力有限，交织段短，交织车辆多，突出矛盾为虎泉街与珞喻路西段交织段（图4.3）。民族大道是目前通向江夏地区的主要道路，交通压力大。

图 4.3 周边交通现状

本综合体工程施工场地交通流量大，按照综合体与2号线南延线珞雄路站及区间相结合，工程整体协调、同步实施，施工期交通统一进行组织；该实施方案工期较短，投资较省，施工总工期约54个月。

前期管线改迁：广场范围内管线改迁较少，主要为珞喻路、鲁磨路、民族大道下的管线改迁，工期约6个月。

一期围挡施工珞喻路与鲁磨路、民族大道的路面盖板系统，各道路均保留半幅路面维持地面交通；在此期间可进行中央广场范围桩基施工，环岛交通维持现状，工期约6个月（图4.4）。

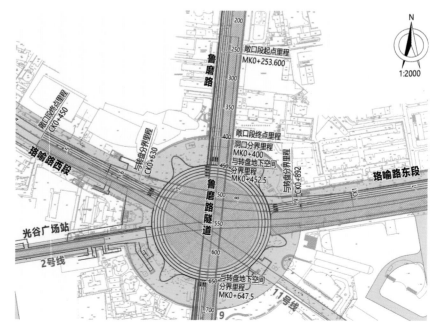

图 4.4 一期围挡及交通疏解图

二期围挡施工综合体及市政隧道主体结构,各道路交通从路面盖板上通行,保持半幅路面交通;环岛交通改至周边广场内,工期约 34 个月（图 4.5,图中"砼"即为"混凝土",后同）。

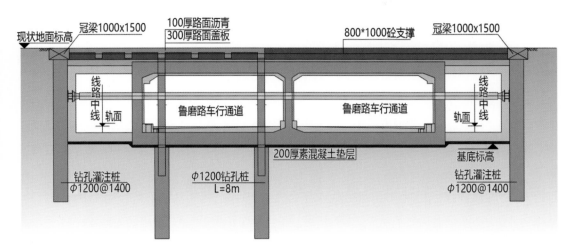

图 4.5 二期围挡及交通疏解图

三期围挡施工出入口、风亭附属结构,地面交通恢复,工期约 8 个月（图 4.6）。

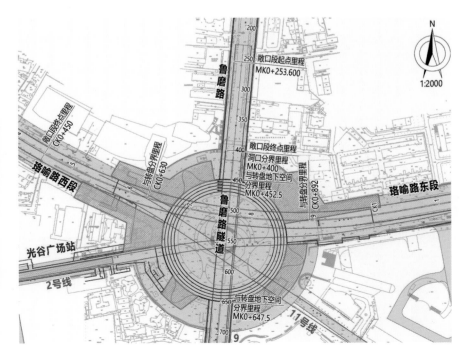

图 4.6 三期围挡及交通疏解图

2. 基坑分区实施

设计首先将工程规模最优化。光谷广场道路红线是以光谷广场中心点为圆心的直径为 300m 的圆，规划阶段的光谷广场综合体车站主体轮廓的直径为 280m，该轮廓线距周边地块红线仅 10m，难以满足施工期间地面交通、管线改迁、施工场地等的空间需求。设计时，在满足交通功能的前提下，根据 6 节 A 型车编组列车对地铁车站的最小长度要求，将该工程规模优化到直径为 200m 的圆形范围内，综合体与周边地块红线距离增加到 50m，这给地面交通、管线迁改和工程施工留出了充足的空间，给工程顺利、快速实施创造了前提。

光谷广场综合体基坑总平面面积近 100000m²，工程土石方施工量约 199.8 万方（其中土方 125 万方，石方 74.8 万方），平面不规则、竖向错层多，如此复杂的超大规模基坑工程国内尚无先例；该工程各组成单项的工期要求、各区段的工程条件也均不一致，在整体统筹协调工程实施方案的同时，必须分区分块、分期施工。

光谷广场综合体主体基坑范围如图 4.7 所示。光谷广场中区、西区、东区，以及地铁线路明挖区间、珞雄路地铁站 5 个区域均处于地下二层到三层，基坑平均深度 21m；广场中区内部地铁 11 号线负三层站台区域的基坑最深，深度为 32m；光谷广场北区、南区均处于地下一层，基坑深度为 14m。东西向的地铁 2 号线南延线需在 4 年内完工并开通运营，这一工期为关键工期。为确保地铁 2 号线南延线按期贯通，对光谷广场综合体主体基坑按整体实施和分期实施两种方案进行对比分析。整体实施方案考虑将综合体主体基坑工程全部同期同步实施，经工筹排布，总工期为 50 个月，工期不能满足地铁 2 号线南延线开通工期要求。分期实施方案考虑将地铁 2 号线南延线区间所在的光谷广场中区、西区、东区，以及地铁线路明挖区间、珞雄路地铁站 5 个区域的综合体基坑工程作为一期工程同期先行实施，光谷广场北区、南区的综合体基坑工程作为二期工程，一期工程封顶后实施二期工程。经工筹排布，分期实施方案的总工期为 54 个月，但地铁 2 号线南延线可在 46 个月内提前贯通，工期满足地铁 2 号线南延线的开通工期要求。实际上，因场地条件局促，整体实施方案在施工组织上将面临很大困难；如果采用分期施工方案，综合体基坑工程的二期工程可与一期工程互为施工场地，能够有效解决场地问题。经对比分析，最终选择的方案为分期实施方案。

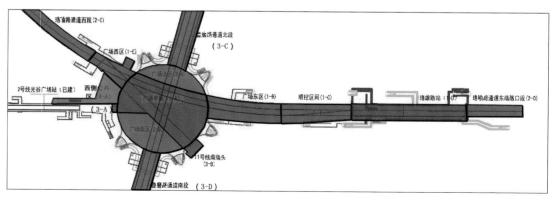

图 4.7 光谷广场综合体主体基坑分区图

工程一期基坑分为广场中区（1-A）、广场东区（1-B）、明挖区间（1-C）、珞雄路站（1-D）、广场西区（1-E），均为地下二层至三层。

二期基坑分为广场北区（2-A）、广场南区（2-B）、珞喻路通道西段（2-C）、珞喻路通道东端敞口段（2-D），均为地下一层。

三期基坑为广场西侧南延线区间（3-A）、11号线南端头（3-B）、鲁磨路通道及9号线北段（3-C）、鲁磨路通道及9号线南段（3-D）。

四期基坑为广场西侧一层公共区（4-A）及其他附属风亭、出入口。

设计中重点关注分区分块、关键工期、施工场地，并统筹考虑。

基坑一期工程中的5个区域虽总体同期实施，但受现场条件限制，难以完全同步。由于这5个区域的基坑平面异形、竖向错台，如作为一个大基坑设计实施，其支撑体系布置和整体受力变形问题都将难以解决。因此，设计时，在各区域之间设置基坑分隔桩，各区域基坑分隔桩两侧支撑的平面布置及竖向标高相互对应，以保持基坑分隔桩两侧受力平衡。该设计方案将一个复杂的超大基坑划分为5个相对独立的基坑，既解决了基坑受力变形问题，也为各区域的工程实施条件保留了余地。

3. 管线迁改

广场范围市政管线临时迁改至综合体实施范围外，珞喻路、鲁磨路、民族大道下的管线改迁至主体基坑外侧；无入地敷设条件地段，采用施工导流、局部提升、地面架管等措施进行临时迁改，待综合体实施完成后按规划管位实施；在珞喻路西段及珞喻路东段路口车行盖板下设置管廊，供给水、电力等管线环通（图4.8）。

基坑工程设计

工程采用基于分期分区拓展的施工方法，结合功能需求和空间关系进行分期分区，整个工程大型分区基坑共计20个，基坑深度为14～34m。广场中区、西区、东区、明挖区间及珞雄路站总体同期实施，各区分隔桩两侧支撑的平面布置及竖向标高互相对应；并要求分隔桩两侧的每道支撑保持同步拆除；广场北区、南区在中区封顶后实施。基坑主要采用 ϕ1.2@1.5m钻孔桩围护，对浅部填土层采用7m深 ϕ800mm旋喷桩桩间止水（图4.9）。

其中，广场区域围护结构将地下二层轮廓范围的围护桩顶延伸到地面，首先开挖施工地下二层轮廓范围内的结构；剩余南、北两片地下一层结构在一期工程封顶后实施；一期工程范围沿基坑竖向设置6道支撑。本区域地下二层大基坑深约21m，局部地下三层11号线基坑深约32.8m。基坑采用整体明挖，地下三层基坑为11号线站台层狭长基坑，以坑中坑的形式施工，围护结构选用 ϕ1.2@1.5m钻孔桩，采用一道钢筋混凝土对撑＋二道钢支撑。

广场区域二期工程的北区、南区基坑竖向需设置两道支撑，由于存在基坑分隔桩，如果二期工程的基坑支撑直接支顶在分隔桩上，在回筑阶段分隔桩将难以拆除。设计时，将首道支撑支顶

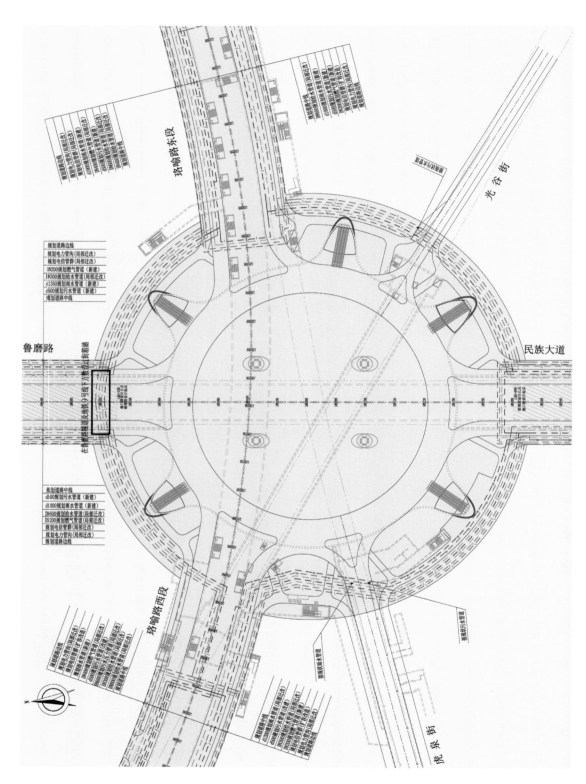

图 4.8　光谷广场综合体管线迁改图

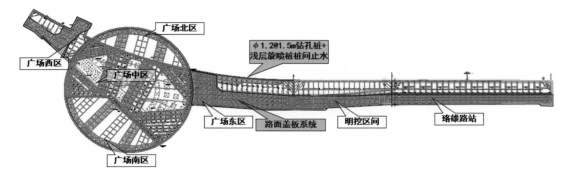

图 4.9 基坑围护结构总布置图

于一期工程顶板上方的牛腿上，随后盆式开挖基坑至基底并浇筑中部底板；将第二道钢支撑采用斜抛撑形式支顶于先浇底板后，开挖基坑周边土方并回筑。实践证明，该方案为施工提供了很大便利，同时解决了回筑阶段分隔桩破除问题（图 4.10 ~ 图 4.13）。

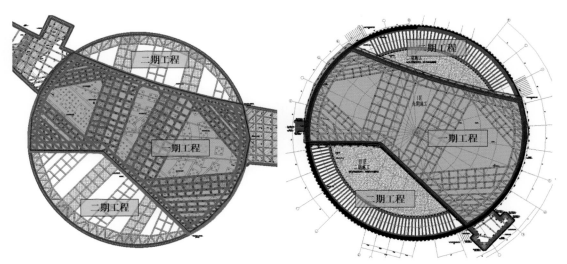

图 4.10 广场区域第一道支撑布置图　　　　　　图 4.11 广场区域第二道支撑布置图

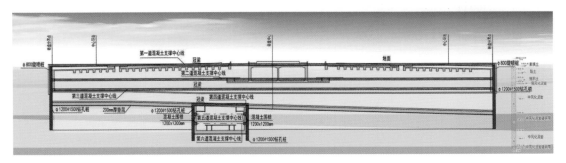

图 4.12 广场区域南延线方向纵断面

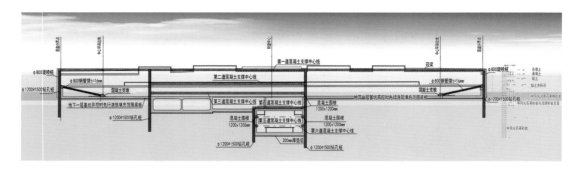

图 4.13 广场区域 9 号线方向纵断面

广场西区地下二层珞喻路隧道基坑深约 19m，地下三层 11 号线基坑深约 31m。基坑采用整体明挖，地下三层以坑中坑的形式施工；围护结构选用 ϕ1.2@1.5m 钻孔桩，对填土层采用 ϕ800mm 旋喷桩桩间止水；沿基坑竖向设置 6 道支撑。支撑为混凝土支撑，采用对撑、角撑结合边桁架体系，支撑间距约 8m。为保证道路交通通畅，结合第一道支撑设置部分栈桥，栈桥下设置管廊用于市政管线改迁（图 4.14、图 4.15）。

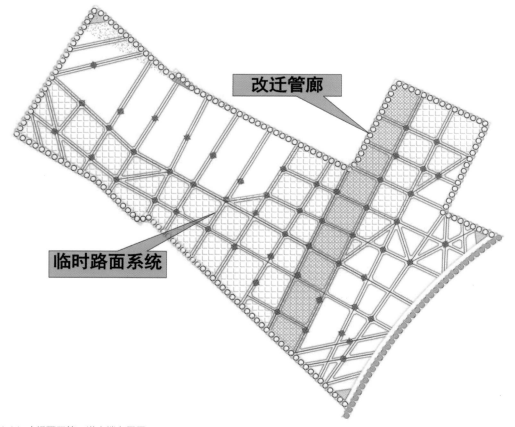

图 4.14 广场西区第一道支撑布置图

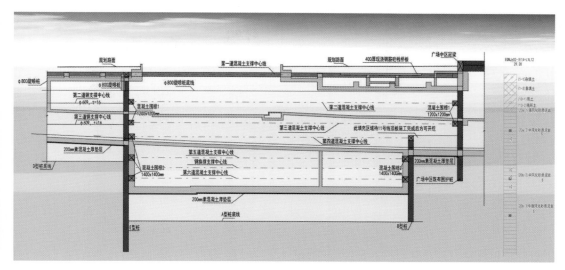

图 4.15 广场西区基坑纵断面

　　广场东区地下二层为 2 号线南延线区间、珞喻路隧道，地下一层为物业开发。珞喻路隧道侧基坑深 14.7 ～ 19.2m，2 号线南延线区间侧基坑深约 21.7m。基坑采用整体明挖，围护结构选用 ϕ1.2@1.5m 钻孔桩，对浅部填土层采用 ϕ800mm 旋喷桩桩间止水；基坑竖向采用 3 道支撑，坑底两侧高差较大的区段采用 4 道支撑 +1 道换撑。支撑为混凝土支撑，采用对撑、角撑结合边桁架体系，支撑间距约 8m。因基坑位于珞喻路隧道下方，结合部分第一道支撑设置临时路面系统，以供珞喻路车辆通行；路面盖板下设置管廊供管线改迁（图 4.16、图 4.17）。

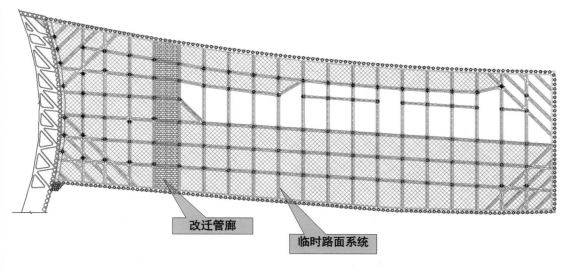

改迁管廊

临时路面系统

图 4.16 广场东区第一道支撑布置图

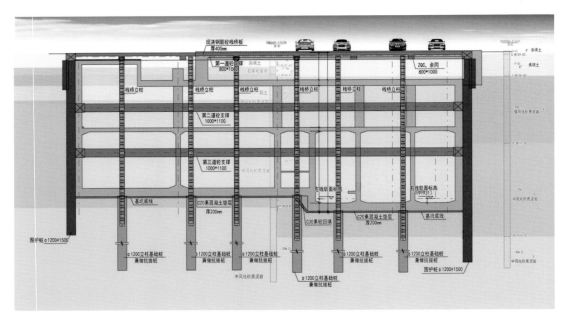

图 4.17 广场东区基坑横断面

地下空间基坑工程总结及创新

1. 基于分区分期拓展的超大型复杂多层基坑施工方法

研究采用了基于分区分期拓展的超大型复杂多层基坑施工技术，根据建筑功能、基坑深度在空间维度进行分区，根据关键工期、先深后浅的原则在时间维度进行分期，通过分期分区拓展，将复杂庞大、受力不明的空间问题解构为相对单纯、受力明确的基坑工程，同时保障各子工程的工期要求。

基于分区分期拓展施工方法，转盘内一期"蝴蝶结"区与南北区分期施工，互为施工场地，有力保障了工程顺利实施，2 号线南延线得以在 46 个月内按期完工，整个工程最终在 60 个月内完成建设，并始终保持6条道路交会的环岛交通，最大限度减轻了对既有道路交通的影响（图 4.18、图 4.19 ）。

图 4.18 施工期间交通状况

图 4.19 圆盘南北区施工场地

2. 新型基坑分期分区平衡支撑体系

为避免二期基坑支撑对基坑分隔桩拆除造成制约，研发应用了基于既有主体结构承载的拓展基坑支撑方法，采用无交叉支撑体系，利用支撑座将二期基坑上部支撑支顶在既有一期结构顶板上，下部支撑采用抛撑体系支撑在盆式开挖完成浇筑的底板上。后期基坑支撑系统利用先期结构传力，受力体系和架拆工序完全不依赖于分区围护桩墙，完全省去了分期围护桩的破拆工序限制和工期（6个月）（图4.20）。

 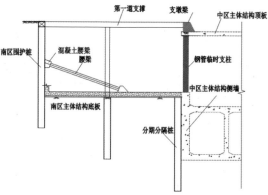

图 4.20 分期基坑无交叉支撑体系

3. 地下大空间 BIM 可视化建造技术

研发应用了地下大空间 BIM 可视化建造技术，施工方基于设计单位创建的 BIM 中心模型，将现场施工工序通过 BIM 技术推演并优化；通过采用 BIM 数字化信息技术，实现了复杂异形结构的精准支模、下料与建造，顺利解决了各向变坡楼板精准施工、变截面弧形梁支模施工、倾斜穹形顶板精准施工、结构柱顶圆台形钢模制造与拼装、超大体量复杂综合管线布设等常规车站从未遇到的技术难题（图4.21）。

图 4.21 基于 BIM 的施工组织模拟优化

4. 临时路面系统托换技术，实现了全过程的交通保障

针对先后期基坑施工常规采用共用冠梁做法存在逆工况拆撑效率低、分期围护桩拆除麻烦等问题，研发了基于先期主体结构承载的基坑支撑体系，将后期基坑的上部支撑支顶在先期主体结构顶板的支墩上，安全、方便、快速地进行后期基坑开挖和分期围护桩的破除，实现了后期施工的结构与前期结构快速准确衔接（图 4.22）。综合体南北区工期缩短 45 天，出入口工期缩短 30 天，减少后浇带 74 处及接缝长度 370m，在缩短工期、减少后浇带及提高接口防水质量方面效果显著。

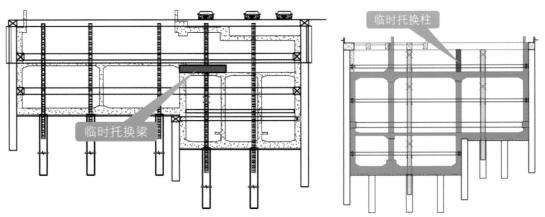

图 4.22 临时路面系统及立柱托换

5. 零距离近接既有地铁车站安全保障技术

项目深基坑工程与已开通运营的地铁 2 号线光谷广场站零距离衔接，基坑深度达到 22m，基坑平面、竖向关系复杂，空间受力状态明显，根据地质条件和工期要求，通过适当加大支护结构刚度、主体及附属一体化支护、毫秒微差延期爆破技术等手段，成功解决了爆破开挖、钢筋混凝土支撑爆破拆卸、零距离水平近接既有运营车站难题，完成了对运营地铁车站的改造、衔接与保护（图 4.23、图 4.24）。

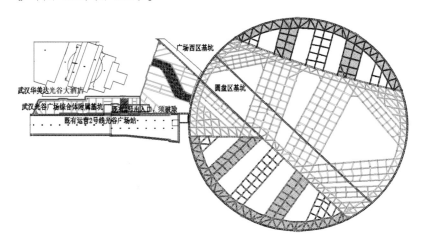

图 4.23 项目深基坑工程与既有运营 2 号线光谷广场站平面相对关系图

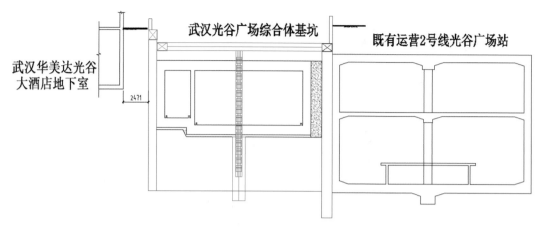

图 4.24 项目深基坑工程与既有运营 2 号线光谷广场站断面相对关系图

3 地下空间结构设计

地下空间结构体系

光谷广场综合体工程基于六线交会，结构形式独特复杂，同时采用大净空、大跨度结合地下中庭、下沉广场等多种特殊结构形式来提升综合体的功能和环境。因此，在确保综合体功能的同时保证其安全性和经济性成为结构设计的一大挑战。

光谷广场综合体工程主体设计为地下三层：地下一层为地铁站厅及地下公共空间；地下一层夹层为地铁 9 号线站台、鲁磨路下穿公路隧道；地下二层为地铁 2 号线南延线区间、地铁换乘厅及设备用房、珞喻路下穿公路隧道；地下三层为 11 号线站台层。

综合体地铁车站主体区域为直径 200m 的圆形，主要客流为环向过街和径向进出站客流，因此结构体系布置应首先考虑建筑使用功能。根据建筑总体布置，地铁车站主体工程采用钢筋混凝土箱形框架结构，将柱网沿环向、径向布置，以有效避免对主要客流行进方向的阻挡；地下一层设备用房均位于转盘周边，主要设备管线为径向布置，结构对应采用径向主梁 + 环向次梁的受力体系，将主要设备管道布置于主梁之间，可有效节约空间，提升净高。同时因综合体内部 3 条地铁线、2 条市政隧道相互交错，柱网尽量上下对应。

综合体地铁车站主体区域工程规模较大，远期全日客流量将近 40 万人次，站厅的空间效果和舒适度十分重要。如采用常规地铁车站9m柱距方案，整个站厅成为"柱林"，功能较差且空间压抑。通过分析，地下一层柱网采用大跨度结构形式，非付费区为 45m 宽圆环，直接采用 3 跨 15m 大跨度结构；中央付费区人流密集，从付费区边线至站台边缘直接采用 1 个 26m 超大跨。该方案使整个站厅结构体系简洁明了，站厅空间开阔。光谷广场综合体梁柱布置图如图 4.25 所示。

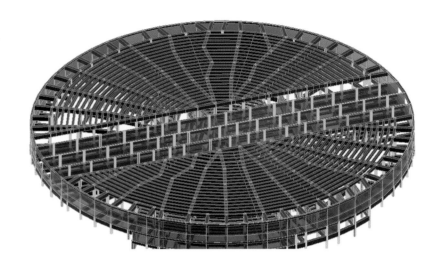

图 4.25 广场区域主体
结构框架图

地下空间结构设计计算

光谷广场综合体主体结构十分复杂，需对其受力进行真实模拟。采用 MIDAS/GEN 软件进行三维有限元整体计算，对主体结构按竣工、使用阶段的实际工况进行分析。计算采用结构 – 荷载模式，按荷载最不利组合进行结构的抗弯、抗剪、抗压、抗扭强度和裂缝宽度验算，结构与周边土体相互作用采用弹性地基模拟。正常使用阶段水、土压力按静止土压力计算，水土分算考虑。根据计算分析结果进行桩基础、结构布置、构件截面的优化调整，采用的主体结构主要构件尺寸如下。

结构顶板：鲁磨路隧道及 9 号线行车板范围顶板厚 800mm，其他密肋板厚 500mm。

顶板梁：放射向主梁尺寸为 1600mm×2500mm，环向次梁尺寸为 1000mm×1600mm。

地下一层夹层板：地下一层夹层板鲁磨路隧道部分厚 800mm，9 号线站台范围厚 700mm。

地下一层夹层板梁：两侧梁尺寸 1400mm×2100mm，中间梁尺寸 1100mm×2100mm。

地下一层底板及地下二层顶板：地下一层底板厚 1200mm，地下二层顶板厚 500mm。

地下一层底板及地下二层顶板梁：地下一层底板梁 1200mm×2300mm；地下二层顶板梁放射向主梁尺寸为 1000mm×1600mm，环向次梁为 800mm×1000mm。

地下二层底板及地下三层顶板：地下二层底板厚 1400mm，地下三层 11 号线顶板厚 500mm，其中与南延线相交处及与珞喻路隧道相交处厚 800mm。

地下二层底板及地下三层顶板梁：地下三层顶板纵梁为 1200mm×1600mm，地下二层底板梁为 1200mm×2600mm。

地下三层底板：厚 1600mm。

地下三层底板纵梁：1400mm×3000mm。

中柱：地下一层直径1400mm，地下二层直径1400mm，地下三层胶囊型。

车站侧墙：地下一层侧墙厚900mm，地下二层侧墙厚900mm，地下三层侧墙厚1400mm，另各层中板与底板交界处侧墙厚1200mm。

荷载及分项系数的取值按《建筑结构荷载规范》(GB 50009—2012)和地铁车站的使用要求确定，除以下注明外，其余均按相关规范进行取用。

① 永久荷载：结构自重、土压力、水压力、楼面建筑做法、设备质量等。

② 可变荷载：楼面人群荷载、列车荷载、地面汽车荷载、施工荷载等。

③ 偶然荷载：6度地震作用；不考虑人防荷载。

荷载组合按基本组合、准永久组合和偶然组合进行计算。

计算模型以各区域变形缝作为模型边界，采用梁单元模拟梁、柱、桩，板单元模拟楼板和承台（图 4.26 ）。梁、板单元的截面特性及材料按结构实际取值。

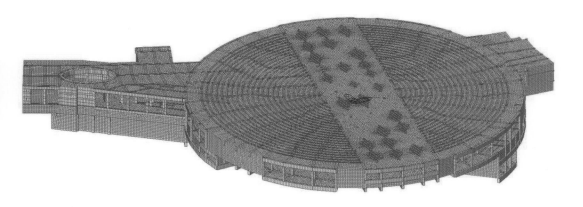

图 4.26 光谷综合体广场区三维模型

土体对底板作用采用只受压弹簧模拟，弹簧刚度 E_1 根据地勘报告给出的垂直基床系数 k_v 计算，即

$$E_1 = k_v \times A_1 \qquad (4.1)$$

式中：A_1——底板与土体接触面的单位面积。

土体对抗拔桩水平方向作用采用拉压弹簧模拟，其弹簧刚度 E_2 为：

$$E_2 = k_h \times A_2 \qquad (4.2)$$

式中：k_h——土体水平基床系数；

A_2——抗拔桩与土体接触面的单位面积。

土体对抗拔桩竖直方向作用采用拉压弹簧模拟，弹簧刚度 E_3 为：

$$E_3 = Q_{sk} / \delta \qquad (4.3)$$

式中：Q_{sk}——桩基竖向极限侧阻力标准值。根据地质报告给出的各层土的极限侧阻力标准值，按《建筑桩基技术规范》（JGJ 94—2008）的相关规定计算。

　　δ——抗拔桩在极限承载力标准值作用下的竖向变形，通过模型试算确定为15mm。

土体对抗拔桩端竖直方向作用采用只受压弹簧模拟，弹簧刚度 E_4 为：

$$E_4 = Q_{pk} / \delta \qquad (4.4)$$

式中：Q_{pk}——桩基竖向极限端阻力标准值。根据地质报告给出的桩端土的极限端阻力标准值，按《建筑桩基技术规范》（JGJ 94—2008）的相关规定计算。

光谷广场综合体结构层数、楼面荷载分布不均，根据楼板差异变形情况，对桩基承台、构件布置进行优化调整，以减小差异变形，使结构整体变形协调、合理。根据计算分析，各层结构变形较大的部位主要发生在大跨度梁、板的跨中或结构错层、模型边界处，对于这些部位采用调整构件布置、设置加腋、加强配筋等措施进行优化。以广场区域地下一层板和顶板为例，经优化调整，结构板使用工况下准永久组合位移结果如图 4.27、图 4.28 所示。

主体结构中受弯构件及悬臂构件的挠度限值按 $L_0/400$（L_0 为构件的计算跨度）控制，计算得到各层板挠度值均满足规范要求，见表 4.1。

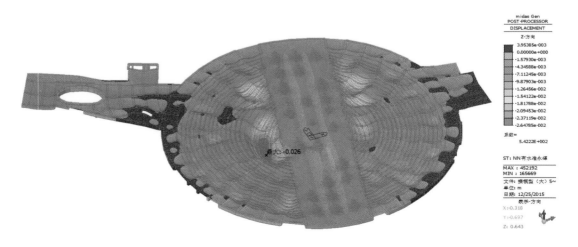

图 4.27　地下一层板使用工况准永久组合位移

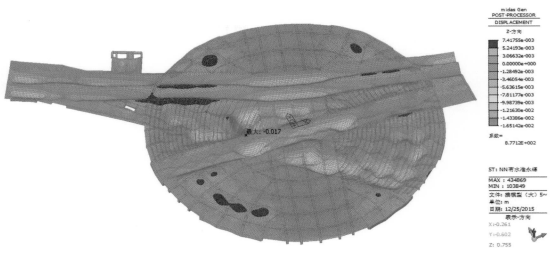

图 4.28 顶板使用工况准永久组合位移

表 4.1 光谷广场综合体各层板挠度计算值及验算结果

计算部位	挠度计算值	规范限值	验算结论
顶板	$L_0/839$	$L_0/400$	满足要求
地下一层底板	$L_0/1014$	$L_0/400$	满足要求
地下二层中板	$L_0/1014$	$L_0/400$	满足要求
地下二层底板	$L_0/2385$	$L_0/400$	满足要求
地下三层中板	$L_0/2385$	$L_0/400$	满足要求
地下三层底板	$L_0/1856$	$L_0/400$	满足要求

　　按荷载效应基本组合进行强度计算，按荷载效应准永久组合进行裂缝及挠度验算。以光谷广场区域顶板梁为例，基本组合及准永久组合情况下的梁弯矩及剪力如图 4.29、图 4.30 所示。

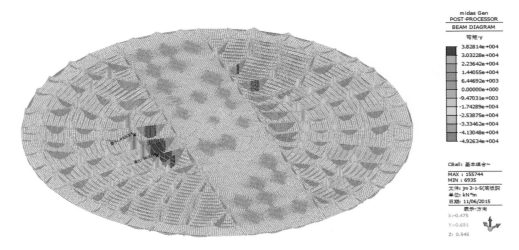

图 4.29 地下一层顶板梁弯矩基本组合包络值

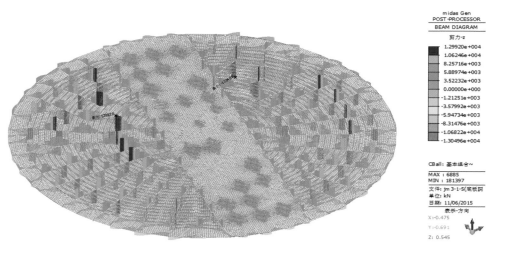

图 4.30　地下一层顶板梁剪力基本组合包络值

　　构件按强度进行截面配筋计算，同时按最大裂缝控制值的要求进行裂缝验算。计算结果表明，地下工程结构构件配筋除个别构件截面和配筋由强度控制外，其余均由裂缝宽度控制。构件的配筋率控制在经济配筋率范围内，保证构件尺寸合理经济。

4　地下空间抗震分析

地下空间工程抗震设防目标和结构抗震性能要求

　　1. 建筑场地抗震地段划分

　　根据《建筑抗震设计规范（2016 年版）》（GB 50011—2010）的相关规定，本区抗震设防烈度为 6 度，设计基本地震加速度值为 0.05g，设计地震分组为第一组。按《建筑工程抗震设防分类标准》（GB 50223—2008），本站抗震设防类别为重点设防（乙类）。

　　根据等效剪切波速计算结果，根据《城市轨道交通结构抗震设计规范》（GB 50909—2014）规定的场地土分类标准，按地铁站点判定场地类别，确定拟建场地类别为 II 类。

　　2. 地质灾害影响判定

　　通过现场地质调查、勘测钻孔并结合区域地质资料分析，工程场地地震地质灾害评价如下。

　　① 可不考虑砂土液化和软土震陷问题对工程场地的影响。

　　② 工程场地内未见晚更新世断裂通过，邻近场地未见活动断裂发育。

　　③ 地震诱发崩塌、滑坡、泥石流及地面塌陷等地震地质灾害的可能性小。

3. 抗震设计参数

《武汉轨道交通 2 号南延线珞雄路站和光谷综合体站工程场地地震安全性评价》给出了光谷综合体设计地震动加速度反应谱参数，见表 4.2。

表 4.2 光谷综合体设计地震动加速度反应谱参数

层位	超越概率	$A_{max}/$ （cm/s^2）	K	β_{max}	T_1/s	T_g/s	y
地表	50 年 63%	30	0.031	2.5	0.10	0.35	1.0
	50 年 10%	85	0.087	2.5	0.10	0.35	1.0
	50 年 2%	163	0.166	2.5	0.10	0.40	1.0
	100 年 63%	41	0.042	2.5	0.10	0.35	1.0
	100 年 10%	113	0.115	2.5	0.10	0.35	1.0
	100 年 2%	195	0.199	2.5	0.10	0.40	1.0
地下 15m	50 年 63%	18	0.018	2.5	0.10	0.40	1.0
	50 年 10%	55	0.056	2.5	0.10	0.40	1.0
	50 年 2%	112	0.114	2.5	0.10	0.45	1.0
	100 年 63%	26	0.027	2.5	0.10	0.40	1.0
	100 年 10%	76	0.077	2.5	0.10	0.40	1.0
	100 年 2%	142	0.145	2.5	0.10	0.45	1.0

4. 抗震设防目标

依据住房和城乡建设部下发的《市政公用设施抗震设防专项论证技术要点(地下工程篇)》及《城市轨道交通工程设计规范》（ DB 11/995—2013 ），抗震设防目标如下：

① 当遭受低于本工程抗震设防烈度的 E1 地震作用影响时，地下结构不损坏，对周围环境和轨道交通运营无影响；

② 当遭受相当于本工程抗震设防烈度的地震影响时，地下结构不损坏或仅需对非重要结构部位进行一般修理，对周围环境影响轻微，不影响正常运营；

③ 当遭受高于本工程抗震设防烈度的 E3 地震作用（ 高于设防烈度 1 度 ）影响时，地下结构主要结构体系不发生严重破坏且便于修复，无重大人员伤亡，对周围环境不产生严重影响，修改后可正常运营。

5. 抗震性能要求

参考《城市轨道交通结构抗震设计规范》第 3.2 节要求，进行抗震设计的城市轨道交通结构，应达到如下性能要求。

① 性能要求 I：地震后不破坏或轻微破坏，应能够保持其正常使用功能；结构处于弹性工作阶段；不应因结构的变形导致轨道的过大变形而影响行车安全。

② 性能要求 II：地震后可能破坏，经修补，短期内应能恢复其正常使用功能；结构局部进入弹塑性工作阶段。

③ 性能要求 III：地震后可能产生较大破坏，但不应出现局部或整体倒毁，结构处于弹塑性工作阶段。

本车站抗震设防类型为乙类，为地下车站，在 E1 地震作用与 E2 地震作用下该车站要达到抗震性能要求 I，在 E3 地震作用下要达到抗震性能要求 II。

参考《城市轨道交通工程设计规范》（DB 11/99—2013）的条文说明中（第 11.7 节）指出：抗震性能要求为 I 时，车站弹性层间位移角限制可取 1/600；抗震性能要求为 II 时，混凝土结构弹塑性层间位移角不宜大于 1/300。

复杂地下工程地震作用下的受力和破坏特点

1. 既有工程地震受力和破坏特点

随着施工技术的发展和人们对车站功能需求的不断提高，地铁车站结构的形式越来越多样化、复杂化。此外，为了更好地利用城市地下空间，越来越多的城市将地铁车站和地下商场建设为一体，使其成为城市地下空间综合体。该类地下空间综合体功能多样化，可以满足人们的交通、娱乐和购物等大多数生活需求，构成了城市的大型地下商业中心。由于地铁车站结构受到周围地基土体的约束，地震发生时车站结构随着周围土体一同运动，土体对结构具有一定的保护作用。且在以往发生的地震中，地下结构一直表现出较好的抗震性能。因此，长期以来，人们一直认为地下结构具有良好的抗震性能，埋藏于土体中的车站结构在地震作用下一般不会发生破坏。然而，1995 年的日本阪神大地震中，大开地铁站的严重破坏为人们敲响了警钟。大开地铁站在设计时没有考虑地震作用，在阪神大地震中，车站 30 多根中柱发生严重破坏。事实告诉我们，地下结构在地震作用下并不是绝对安全的（图 4.31、图 4.32）。

以往的震害调查结果，地下结构的抗震性能确实要优于地上结构[1]。但是，当地震发生时，由于土体与地下结构之间存在动力相互作用，地下结构的地震反应特点与地面结构存在较大差异。地上结构的地震反应主要取决于结构自身的振动特性，包括结构的刚度、质量和形状；但对地下车站结构而言，当地震来临时，地震波首先会传递给场地土，场地土会改变地震波的幅值（一般情况会增大），接着场地土会将改变后波的能量作用于地下结构。车站周围土体的振动特性对结构的地震响应影响较大，结构的自振特性影响相对较小。

图 4.31 大开地铁站中柱震害照片

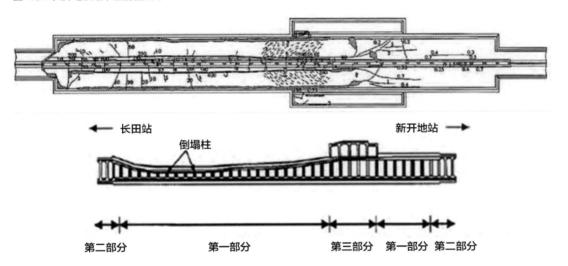

长田站 ◄——   倒塌柱   ——► 新开地站

第二部分   第一部分   第三部分 第一部分 第二部分

图 4.32 大开地铁站纵向震害示意

　　结构周围土体的变形是导致地下结构发生破坏的重要原因。地下结构沿线地质条件变化较大会导致严重震害，尤其当地下结构穿越软土层、松散砂土层和断层破碎带等不良地质区域，更容易发生较大震害。同时地下结构的抗震性能还受其几何形状、刚度、埋深和施工工艺等因素的影响。1995 年发生的阪神大地震[2]中受损最严重的大开地铁站震害主要形式可归纳为中柱开裂失效、顶板开裂坍塌以及侧墙开裂，靠近侧墙的楼板的隆起部位有竖向裂纹、横向裂纹等。车站底部和顶部土体的相对位移使得中柱上施加的剪力过大，最终导致了中柱的破坏。另外，此次地震中的竖向震动非常明显，但竖向运动引起的荷载并不是导致破坏的主导原因，而只是通过施加轴向荷载的方式降低了结构的抗剪强度和延性。结构抗剪强度和延性的不足是破坏的内部原因。汶川大地震[3]中成都地铁 1 号线的震害情况表明：结构所处地质条件是本次震害严重与否的主要因素，由于砂卵石地层对地震波具有良好的消减能力，相同条件下砂卵石地层中的地震动加速度值较基岩（砂岩或泥岩）的小，因此完全处于砂卵石地层中的区间结构震害较轻，而处于上软下硬或基岩地层中的区间结构震害较重。基于地下结构震害调查及国内外相关文献[4]的分析，可以总结地下结构的震害机理主要有以下三点。

① 围岩失稳作用。地下结构开挖后，将导致出现临空面和围岩应力重新分布，可能会使周边围岩处于不稳定状态或产生较大的变形，严重时会产生坍塌，带来重大事故。围岩失稳现象主要指围岩变形、塌陷与液化等，一般在选址时通过地质勘察从根本上避免在地震地质不良的地带建造地下结构，且在建造过程中，围岩等级高、岩性变化大以及断层破碎带地段应该对围岩进行重点加固。

② 土层结构相对位移。不同于地上结构地震作用下主要受到地震惯性力的影响，地下结构受到土层结构相对位移造成层间剪切破坏的情况更严重，因此仅仅依靠承担轴力较好的大截面框架柱来抵抗层间变形一般不能满足要求，连续剪力墙对于提高地下结构抵抗层间变形的能力效果更好。

③ 地震惯性力的作用。一些浅埋暗挖或明挖法施工的车站在强地震荷载下产生的惯性力会对车站结构体系造成损坏，主要是因为地下结构埋深比较浅，围岩的等级比较高，对结构的约束力不够，所以埋深比较浅的地下结构在设计时应该得到加强。

而对于地铁车站震害破坏形式和特点，根据以往地下结构发生的震害现象，可以得到以下4点结论：

① 地铁车站多发生在围岩等级高、岩性变化大以及断层破碎带地段，这些地段地层的相对位移比较大，容易造成结构发生剪切变形；

② 地铁车站属于大空间地下结构，上部有一定的覆土量，设计时中柱的跨度比较大，造成中柱轴力大，轴压比较高，使得中柱混凝土容易开裂，在强震作用下容易造成中柱失稳而折断，其他构件也相应破坏，最终造成整个车站被破坏，地面塌陷；

③ 由于车站侧墙受到土压力作用，车站侧墙与板交界处混凝土容易发生开裂，甚至压碎现象；

④ 车站中柱与板相接处多发生破坏现象，尤其是中柱与顶板连接处容易造成混凝土压碎、钢筋外露现象。

2. 光谷地下工程在地震作用下的受力特点分析

根据以上分析，地下工程震害机理主要有围岩失稳、土层相对位移和地震惯性力作用，三种作用可能导致结构整体层间剪切变形、侧墙失稳和中柱失效等破坏现象。以上研究针对的多为形状简单的标准车站或行车隧道，而光谷地下工程尺度大、结构形式复杂，与标准车站有一定差异，但仍可借鉴已有经验并结合前文抗震分析，对光谷地下工程的受力特点和薄弱部位总结如下。

① 地质勘察报告表明，本工程场地类别为二类，位于抗震地质良好的地带，工程场地内可不考虑砂土液化和软土震陷问题对工程场地的影响，未见更新世断裂通过，临近场地未见活动断裂发育。地震诱发崩塌、滑坡、泥石流及地面塌陷等地震地质灾害的可能性小。因此影响结构抗震性能的主要因素为土层结构相对位移和惯性力。

② 场地所处地震设防烈度为 6 度，地震作用较小，因此土层相对位移处于较低的水平。土层水平位移在结构底部时较小，靠近顶板处较大，导致结构在竖向高度范围内出现位移差，因此土层位移对结构有较明显的剪切作用。但因本工程侧墙布置较多，抗侧刚度较大，层间位移较小，仅在各侧墙端部位置因较明显的应力集中效应使其在大震或中震时应力较大，部分可能进入塑性状态，但结构在大震或中震时部分进入塑性状态能够耗散大量地震能量，避免结构整体破坏，符合规范要求。

③ 地下工程的出口处，包括 2 号线南延线、11 号线南段、鲁磨路隧道两端等位置，这些部位是结构主体与各隧道连接部位，结构刚度突变导致应力集中，在大震和中震下塑性发展较充分，是抗震不利部位，应重点提高这些部位结构构件的抗弯和抗剪承载力。

④ 本工程埋深较浅，上部覆土无法形成拱效应，覆土自重及其在地震下的动力作用完全由顶板承担，因此竖向地震对于跨度较大的板及支撑板的梁柱影响较大。车站顶板位移最大，底板位移最小（图 4.33）。水平和竖向地震双重作用时，可能出现因竖向地震导致柱轴压比增大，延性减小，在水平力作用下抗弯和抗剪承载力不足的情况。这些位置的柱子应注意箍筋加密，并保证轴压比在竖向地震作用下不超过规范限值（图 4.34）。

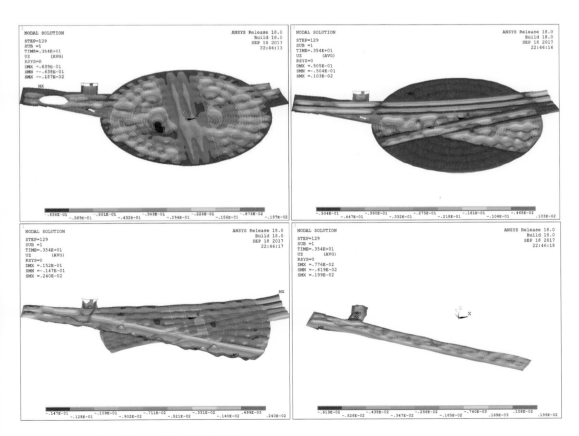

图 4.33 顶板位移在覆土作用下的挠度比其他层大

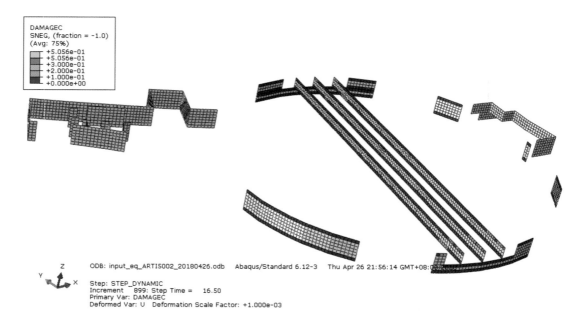

图 4.34 水平地震作用下出口处应力集中

复杂地下工程中小地震下的弹性分析方法

对于复杂地下工程在中小地震下的抗震性能分析，通用有限元软件参数化的建模、分析与后处理方式提供了有力的工具，其不仅可应用各种计算方法，且计算效率高。本节总结了三种弹性分析方法，即荷载－结构模型的弹性时程分析法和空间反映位移法以及土层－结构模型的弹性时程分析法的建模技术和分析步骤的差异（图 4.35）。

1. 荷载－结构与土层－结构模型

可以看出，对于弹性分析的三种分析方法，荷载－结构模型和土层－结构模型的建模差异主要在边界和荷载方面。具体阐述如下。

① 荷载－结构模型。

在边界条件方面，荷载－结构模型包括固定边界条件和弹性边界条件，固定边界条件用于模拟未建出隧道对地下结构的强约束作用，可通过直接约束相关节点的自由度实现。弹性边界条件模拟土体和抗拔桩的约束作用，可通过只受压弹簧模拟，其弹簧刚度需要根据设计书中的各层土体的基床系数和弹簧受力面积确定。需要注意的是，本工程因模型在竖直方向仅有 COMBIN40 单元的约束，而 COMBIN40 单元特有的 GAP 导致静力分析时第一个荷载步内结构是可变体系而不收敛。为解决这个问题，在结构所有竖向设有仅受拉弹簧同位置处设置刚度很小的拉压弹簧 COMBIN14 单元模拟，根据经验，其刚度取同位置仅受压／拉弹簧刚度的 $1/10^6$。

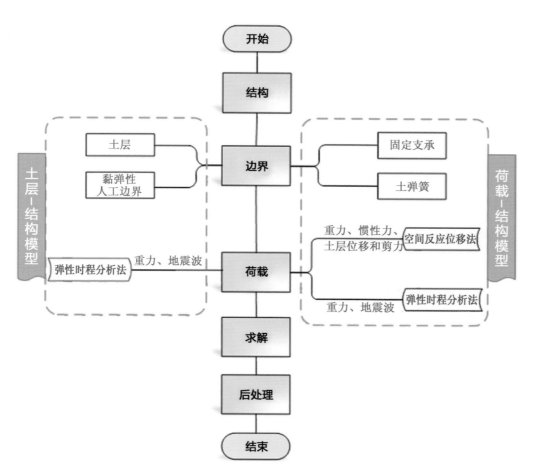

图 4.35 各弹性分析方法的对比

在荷载方面，荷载－结构模型在空间反应位移法和时程分析法中的处理不同。空间反应位移法为静力方法，需要提前预估地下结构在给定地震动下承受的最大荷载，此法采用一维自由场分析法得到地下结构在给定地震动下的土层相对位移、层间剪力等直接施加于结构。而时程分析法是直接将实际地震动或人工地震波输入模型，采用逐步积分的方法求解每一时间步下结构的响应，相比静力方法，动力时程法能够得到结构任一时刻的地震响应，并能充分考虑结构的非线性和材料的非线性，求解结果更准确。

② 土层－结构模型。

土层－结构模型是通过引入虚拟的人工边界从无限介质中切取出有限尺寸的近场计算区；然后对计算区采用有限元（或有限差分）技术完成运动微分方程和物理边界条件的时空离散化，从而实现对真实波动的直接模拟。显然构造合适的人工边界是实现上述方法的关键，人工边界的本质在于允许来自广义结构的外行散射波穿过人工边界进入无限域。如果在切取土体的边界直接施加固定约束，来自结构的散射波在达到边界约束后会反射回结构，造成结构的二次受迫振动，显然与实际情况不符合。因此需要构造合适的人工边界，即本书采用的黏弹性人工边界。要实现黏弹性人工边界只需要在边界处施加一组并联的弹簧阻尼器，阻尼器的计算参数可根据土层地质条件确定。

在荷载方面，土层－结构模型基本上考虑了影响地下结构抗震性能的所有因素，仅需输入特定地震波即可。将地震波动准确地输入有限元计算模型是获得可靠计算结果的关键，但波动输入方法与人工边界相关。目前解决波动输入问题的一个基本思路是将散射波动问题转化为波源问题，即将输入波动转化为直接作用于人工边界上的等效荷载，即本书采用的施加时程力的方法。

2. 弹性时程分析法与空间反应位移法

在荷载方面，根据简化方式不同主要分为弹性时程分析法和空间反应位移法，除重力外，弹性时程分析法对地震作用的模拟是直接输入地震波，而空间反应位移法是静力方法，只能将地震产生的作用，比如最大惯性力、最大土层相对位移和层间剪力直接施加在结构上。

① 弹性时程分析法。

有关规范规定，重要、复杂结构抗震计算需要使用弹性时程分析法补充。弹性时程分析法采用逐步积分法对动力方程进行求解，可以计算地震过程中每一瞬时结构的位移、速度和加速度反应。弹性时程分析法可以精确地考虑地基和结构的相互作用、地震时程相位差、不同地震时程多分量多点输入、结构的各种非线性。

荷载－结构模型的弹性时程分析方法虽然仍采用反应谱分析方法中将地震作用简化为惯性力的假定，但相比反应谱法，弹性时程分析法能够考虑地震动强度、谱特性与持续时间三要素，能够得到结构反应随时间变化的时程曲线，且时程分析能考虑结构构件的弹塑性，为后续的弹塑性分析奠定基础。

② 空间反应位移法。

传统的反应位移法主要思想是认为地下结构在地震时的响应主要取决于周围土层的运动，而非反应谱法将地震简化为惯性力。反应位移法分析时不考虑土体而将地下结构简化为框架，由地基弹簧的压缩量模拟周围土体与结构间的相互作用，将自由场土体在地震作用下的最大相对变形、土对结构边界的剪力及结构惯性力施加于结构上，进而求出结构响应，可以看出，反应位移法仍属于静力方法，因此其计算效率较高。

基于平面反应位移法计算理论，通过增加另一个维度上土层对地震作用，将平面反应位移法拓展到空间结构中。相较于平面反应位移法，空间反应位移法对于地震作用的转化需要做一定的改变，同时在荷载作用方向需要根据实际工程结构做相应的改变。表4.3列出了两者的主要区别。

表 4.3 平面与空间反应位移法区别

	平面反应位移法	空间反应位移法
侧向位移	直接输入	转化成节点力
结构方向划分	直观分为顶、底面，左、右侧	根据结构面积划分顶、底面，根据结构每层形心划分左、右侧
土弹簧	两向土弹簧	三向土弹簧

复杂地下工程大震下的弹塑性分析方法

大震下，结构很多部分进入塑性状态，此时用弹性模型进行分析将高估结构的刚度，可能错误估计结构的抗震性能，此时需要考虑结构的塑性。对于大型复杂地下混凝土结构的弹塑性分析，大型通用有限元软件 ABAQUS 中自带的混凝土材料模型能够提供较为准确的结构响应。

相比弹性分析，在模型信息方面，弹塑性模型主要考虑了材料的非线性，其他比如单元类型和截面信息与弹性分析相同；在荷载简化方面，两者采取同样的地震荷载处理方式；在后处理方面，弹塑性分析可输出更多更详细的结构响应信息。以下主要针对弹塑性分析与弹性分析的不同点进行总结，即弹塑性材料的定义和弹塑性后处理的相关内容。

对于梁柱构件，ABAQUS 中常用的 B31 梁单元为基于纤维截面的单元，其模拟钢筋混凝土构件时直接采用钢筋和混凝土的单轴应力－应变本构关系，可适用于各种复杂截面特性的单元。纤维截面中混凝土和钢筋均需要单轴应力－应变本构关系，这可通过课题组自行开发的可用于往复荷载下混凝土单轴滞回本构 ZUC02。该模型提供了两个状态变量混凝土受压损伤 SDV（3）和混凝土受拉损伤 SDV（4）用于输出混凝土的塑性损伤情况，可方便地进行结构损坏的评估。

对于剪力墙构件，ABAQUS 常用的非线性分层壳单元是基于复合材料力学原理，适用于剪力墙结构弹塑性分析甚至模拟倒塌破坏。混凝土材料可采用自带的混凝土塑性损伤模型，钢筋特性可采用用户自己开发的单轴滞回本构，也可以用 ABAQUS 自带的金属塑性本构模型。

对于弹塑性分析，除了在弹性分析中常用的宏观分析指标，如内力指标——梁柱轴力弯矩剪力、墙剪力弯矩，或位移指标——层间位移角、顶部位移等，更重要的是微观分析结果。一般结合规范规定来分析。规范将结构抗震性能分为无损坏、轻微损坏、轻度损坏、中度损坏和比较严重损坏 5 种构件损坏程度，但其未对塑性变形和损伤指标做定量规定，因此无法将 ABAQUS 结果直接与规范建立对应关系。

课题组开发的梁柱单轴拉压损伤指标 SDV 和软件自带的用于剪力墙构件的混凝土塑性损伤模型的损伤因子可作为评定指标，将其与规范中构件损坏程度建立对应关系。因此，根据损伤指标，可直观判断出结构的损伤情况，为评估结构整体抗震性能和局部构造优化提供指导。

复杂地下工程弹性分析各方法的计算精度与效率

通过对本复杂地下空间工程应用各种方法进行抗震分析，表 4.4～表 4.7 列出了各种分析方法抗震分析的结果对比，并对各分析方法的计算精度和效率进行总结，为复杂地下空间工程抗震性能分析提供指导。

表 4.4　层间位移对比

层数	位移 /mm		
	荷载－结构模型弹性时程分析法	荷载－结构模型空间反应位移法	土层－结构模型弹性时程分析法
F1	3.02	6.81	2.38
F2	1.76	0.81	0.21
F3	0.78	0.35	0.03

表 4.5　板的响应对比

对比项	应力 /MPa			挠度 /mm		
板编号	荷载－结构模型弹性时程分析法	荷载－结构模型空间反应位移法	土层－结构模型弹性时程分析法	荷载－结构模型弹性时程分析法	荷载－结构模型空间反应位移法	土层－结构模型弹性时程分析法
S01	3.68	2.81	4.54	30.23	28.1	32.05
S02	4.18	2.89	3.74	9.23	8.33	10.35
S03	6.06	3.63	5.74	32.24	28.6	33.98
S11	1.37	1.1	2	0.81	0.78	1.98
S12	0.87	0.69	1.81	0.98	0.95	0.95
S13	2.74	1.31	5.06	14.92	13	14.38
S21	1.87	1.74	1.62	0.57	0.52	2.25
S22	1.96	1.58	2.26	7.73	7.05	7.7
S23	1.61	1.69	6.32	0.95	0.63	2.4
S31	1.53	1.53	3.08	1.1	1.01	2.16
S32	1.12	2.02	2.84	0.96	0.88	2.84
S33	1.17	2.22	3.53	2.04	1.66	3.99

表 4.6 梁的响应对比

对比项	跨中弯矩 /（kN·m）		左端弯矩 /（kN·m）		左端剪力 /kN	
梁编号	荷载－结构模型弹性时程分析法	荷载－结构模型空间反应位移法	荷载－结构模型弹性时程分析法	荷载－结构模型空间反应位移法	荷载－结构模型弹性时程分析法	荷载－结构模型空间反应位移法
B01	1925	1006	869	946	369	310
B02	2664	3084	4138	3918	1719	1671
B04	2135	2355	2465	2073	1807	1856
B05	31200	33909	33590	30629	8240	8709
B06	19970	22891	7699	6141	4802	5117
B07	22700	25159	10790	8933	4838	5489
B08	20450	22088	17650	15630	7250	7946

表 4.7 柱的响应对比

单元编号	轴力 /kN		弯矩 /（kN·m）		剪力 /kN	
	荷载－结构模型弹性时程分析法	荷载－结构模型空间反应位移法	荷载－结构模型弹性时程分析法	荷载－结构模型空间反应位移法	荷载－结构模型弹性时程分析法	荷载－结构模型空间反应位移法
C1	4340	680.2	133	1348.4	66	474.7
C2	17780	15392	1529	1154.8	383	260.6
C3	22430	20358	682	892.7	173	226.9
C4	16500	14928	642	961.7	182	235.7
C5	21900	20986	2696	796.4	631	207.7
C6	23410	21009	5428	3650	2428	1265.2
C7	20250	18241	4396	2208	2755	1223.5
C8	27690	25667	4326	2254.7	2579	1282.6
C9	19380	17904	5012	2758.6	2991	1450.8
C10	19510	18539	4762	1058	2394	1148.2
C11	20440	18892	1057	1450.3	267	352.8
C12	18130	16705	787	377.1	213	75.2
C13	23680	21788	284	493.9	92	106.5
C14	15160	14121	1729	1606	382	395.3
C15	5857	4856	729	537.2	83	99.1

　　根据表格数据，制作相应的对比图（图 4.36 ～图 4.39 ）。

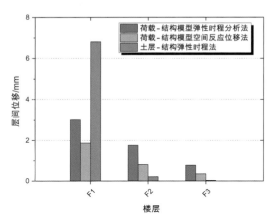

图 4.36 层间位移对比

图 4.37 板的挠度对比

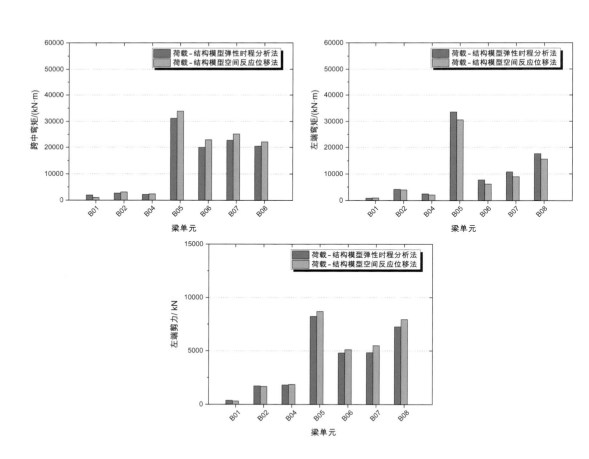

图 4.38 梁内力对比

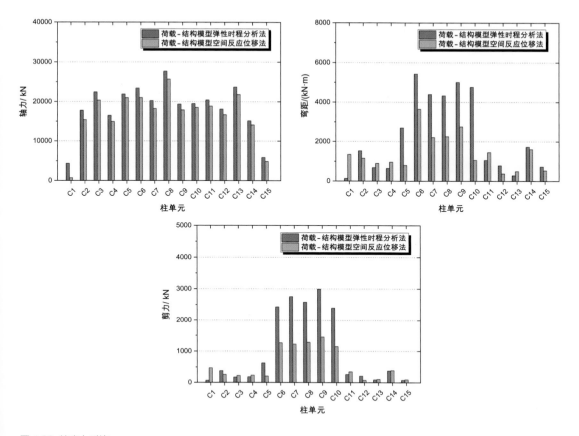

图 4.39 柱内力对比

通过以上图表分析并结合实际计算复杂性分析，可得以下结论。

① 地层结构模型理论上具有最高的精度，但其分析代价巨大，以光谷模型为例，用课题组配备服务器（双 CPU20 核 40 线程，单处理器时钟频率 2.8GHZ，64G 内存）连续运行 40 天计算一条地震波的弹性时程分析，且此模型中土体仅取了一倍于结构尺寸的体积（规范要求至少三倍，但本模型如果取三倍则网格数量过大），前期模型调试也需要耗费大量工时，因此，地层结构模型用于复杂地下空间结构设计不具备可操作性。

② 对比荷载－结构模型弹性时程分析结果与土层－结构模型弹性时程分析结果可知，两者较为吻合，可将荷载－结构模型弹性时程分析方法作为土层－结构模型时程分析的替代方法。且荷载结构模型经过调试后有较好的收敛性，在定义结构全塑性后仍有较好的收敛性和较快的计算速度（16 核计算 30 小时可计算荷载结构弹塑性模型 16.5 秒地震波）。因此，本书推荐使用荷载－结构模型弹性时程分析方法作为复杂地下空间结构的主要抗震分析方法。

③ 对比空间反应位移法与荷载－结构模型弹性时程分析方法可知，空间反应位移法在楼板、框架梁和柱的内力方面均有较好的精度，但在计算楼层位移和转换柱内力方面有较大的误差。空

间反应位移法属于静力方法，操作简单，概念清楚，且能较全面地反映地下结构地震作用的特点，因此建议可在取一定的安全系数的情况下使用空间反应位移法进行地下结构的设计，对抗侧力构件如柱，可取较大的安全系数（不小于1.5），荷载－结构模型弹性时程分析方法可在后期进行抗震性能的校核。

5 隧道设计

设计范围

光谷广场综合体工程隧道部分包括地铁2号线南延线光谷广场站至珞雄路站区间，9、11号线车站及相邻区间，光谷广场地下公共空间及珞喻路、鲁磨路下穿隧道。

2号线南延线呈东西走向，敷设于虎泉街—珞喻路东段道路下方；9号线呈南北走向敷设于鲁磨路—民族大道道路下方；11号线呈西北至东南方向敷设于珞喻路西段—光谷街道路下方。两条市政公路隧道分别呈东西向、南北向穿越光谷广场综合体。珞喻路公路隧道呈东西方向敷设，部分区段与2号线南延线共用走廊；鲁磨路公路隧道呈南北向敷设，与9号线共用走廊（图4.40）。

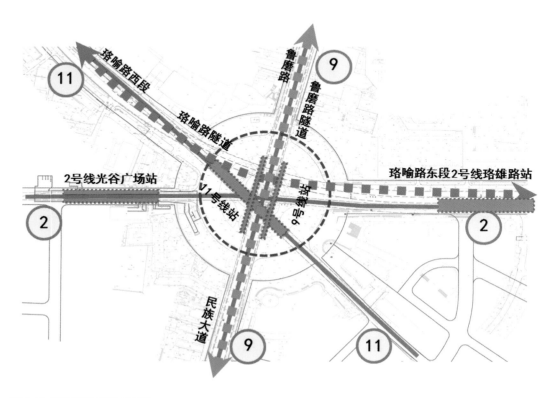

图4.40 光谷广场区域交通规划

工程概况

1. 珞喻路隧道

西起鲁巷邮政局西侧（对应桩号 LY0+040），东至华中科技大学东侧（对应桩号 LY1+920），全长 1960m，红线宽度为 60m，局部位置由于设置港湾公交车站及人行天桥而适当拓宽，工程起点与止点均与现状珞喻路接顺。

桩号 LY0+270 ～ LY0+450 和 LY1+280 ～ LY1+540 为敞口段范围，分别长 180m 和 160m。

桩号 LY0+450 ～ LY1+280 为暗埋段，长 830m，其中 LY0+672.479 ～ LY0+850.097 位于转盘地下空间范围内，长 177.618m。

通道采用双孔双向六车道。

2. 鲁磨路隧道

北起关山街社区服务中心（对应桩号 LM0+020），南至龙安集团北侧（对应桩号 LM1+140），全长 1120m，红线宽 60m，局部位置由于设置港湾公交车站及人行天桥而适当拓宽，工程起点与止点均与现状鲁磨路和民族大道顺接。

桩号 LM0+340 ～ LM0+530 和 LM0+800 ～ LM1+020 为敞口段范围，分别长 190m 和 220m。

桩号 LM0+530 ～ LM0+800 为暗埋段，长 270m，其中 LM0+561.77 ～ LM0+761.703 位于转盘地下空间范围内，长 199.933m。

通道采用双孔双向六车道。

3. 2 号线南延线区间隧道

光谷广场站—珞雄路站区间里程范围：右 DK27+726.7 ～ 右 DK28+252.574，左 DK27+726.7 ～ 左 DK28+252.551，即右线长 525.874m，左线长 526.182m（长链 0.331m）。区间线间距为 10.5 ～ 13.0m，线路平面最小曲线半径为 500m，最大纵坡为 29‰。在里程右 DK28+030.586（对应左 DK28+031.348）设一座区间泵房。

4. 9 号线区间隧道

9 号线光谷广场站—雄楚大道站区间隧道预埋段的设计范围：左 CK4+243.313 ～ 左 CK4+398.264、右 CK4+244.137 ～ 右 CK4+398.264，鲁磨路隧道及 9 号线隧道整体开挖，9 号线在端部按明挖法及矿山法的包络断面预留接口，便于后期 9 号线施工时灵活处理。区间长度约 155m，区间线间距约 31.4m。

9 号线光谷广场站—地质大学站区间隧道预埋段的设计范围是：左 CK3+730 ～ 左 CK4+45.863、右 CK3+730 ～ 右 CK4+45.863，9 号线在端部按明挖法预留接口。区间长度约 315m，区间线间距为 28 ～ 31.8m。

设计标准

1. 珞喻路隧道

① 道路等级：主线为城市主干路。

② 设计车速：主线 60km/h；地面辅道 40km/h。

③ 车道宽度：通道内车道宽均为 3.25m。

④ 净空标准：机动车下穿通道设计净空大于等于 4.5m。

⑤ 武汉市抗震设防烈度为 6 度。

⑥ 通道通风按同时仅一处火灾进行设计。

2. 鲁磨路隧道

① 道路等级：主线为城市主干路。

② 设计车速：主线 60km/h；地面辅道 40km/h。

③ 车道宽度：通道内车道宽均为 3.25m。

④ 净空标准：机动车下穿通道设计净空大于等于 4.5m。

⑤ 结构抗震设防烈度为 6 度，设计按 7 度采取相应的构造处理措施。

⑥ 通道通风按同时仅一处火灾进行设计。

3. 2 号线南延线区间隧道

① 2 号线南延线工程近期采用 B 型车 6 辆编组、土建预留 8 辆编组条件；远期采用 B 型车 8 辆编组。

② 最高行驶速度 80km/h。

③ 结构抗震设防烈度为 6 度，设计按 7 度采取相应的构造处理措施。

4. 9 号线区间隧道

① 9 号线工程近期采用 A 型车 6 辆编组。

② 最高行驶速度 100km/h。

③ 结构抗震设防烈度为 6 度，设计按 7 度采取相应的构造处理措施。

方案选择

2 号线光谷广场站已开通运营，车站为地下二层站，2 号线南延线区间线路起点标高已定。

2 号线南延线、9 号线、11 号线于光谷广场站换乘，同时 2 条市政隧道珞喻路隧道、鲁磨路隧道从光谷广场下方穿越，线路交叉，标高关系复杂。

珞喻路隧道主线纵断面受现状道路、光谷广场综合体地下一层空间布置及商业区间、地铁11号线换乘站台及区间、地铁2号线南延线区间及地铁2号线珞雄路站等衔接处的净空要求影响。

道路主线纵断面受现状道路，9号线地铁区间、框架构造等衔接处的净空要求以及通道暗埋段、敞口段位置及引起的周边建筑拆迁等影响。

1. 隧道平纵断面设计

光谷广场综合体工程主体设计为地下三层，其中地下一层为地铁站厅及地下公共空间，地下一层夹层为地铁9号线站台、鲁磨路下穿公路隧道及非机动车环道，地下二层为地铁2号线南延线区间、地铁换乘厅及设备用房、珞喻路下穿公路隧道，地下三层为11号线站台层。

2号线一期光谷广场站为地下二层站，根据光谷广场综合体统筹设计，2号线南延线线路自起点顺接2‰坡度后，出竖曲线范围即以28.135‰紧坡度下行，为上方换乘大厅及9号线留出空间，进入珞喻路后与珞喻路下穿通道并行，到达珞雄路站后上下交叠，地铁站台层位于珞喻路隧道下方。

9号线线路的左右线将鲁磨路下穿通道包夹其中，沿南北向贯穿光谷广场，均位于综合体地下一层夹层，埋深较浅，覆土较少；在出广场范围后，9号线线路与鲁磨路隧道在平面上并行以控制工程总宽，避免增加拆迁或影响市政管线敷设；待9号线线路与鲁磨路隧道在竖向分离至完全错层位置后，逐渐减小9号线线间距以减小工程规模。

11号线自光谷街从东南向西北穿过广场，随后从珞喻路公路下穿通道的下方与通道共线沿珞喻路向西北行进。在出广场范围后，11号线与珞喻路隧道在竖向已完全分离，11号线车站预留盾构过站的条件。

珞喻路市政通道西起鲁巷邮政局西侧，东至华中科技大学东侧，工程起点与止点均与现状珞喻路接顺。通道为双孔双向六车道，地面辅道为双向六车道。

珞喻路市政下穿通道采用下穿光谷广场方案，位于光谷广场地下空间第二层，与鲁磨路—民族大道市政下穿通道构成十字形分离交叉。珞喻路市政下穿通道由西北向东南下穿广场，出广场后，随后从2号线地铁区间的上方与地铁区间共线沿珞喻路向西北行进。同时，受地形及地下通道坡度限制，公路通道出入口与珞雄路站位置重叠，设置于珞雄路站顶板上方。

鲁磨路市政通道沿现状鲁磨路—民族大道敷设，与远期规划9号线地铁区间并行，由北向南下穿通过光谷广场地下空间，位于广场地下空间一层夹层；出广场范围后，公路市政通道以1.15%坡度上抬，最后以U形槽结构出地面，与9号线地铁区间分离。

2. 工法选择

受2号线一期既有光谷广场站预留条件、道路界限和标高、9号线和11号线轨道交通建设标准，以及鲁磨路市政隧道和珞喻路市政隧道相互关系的限制及影响，在满足工程功能的前提条件下，兼顾工程技术、工程造价、交通疏解、建构筑物、地质条件等方面因素，区间右线连接既有光谷广场站至圆盘区段（右DK27+730.282～右DK27+737.224）采用矿山法，其余区段均采用明挖法。

隧道设计重难点

1. 公铁 + 物业开发共建整体式错层结构采用路面盖板托换加固转换工艺分区分期施工

本工程具有市政隧道、物业开发、出入口与地铁区间隧道错层共建、实施分期界面多、路面铺盖体系转换难、三维空间关系复杂多变等特点。根据关键工期、地面交通、结构特点、空间关系等，通过采用路面盖板托换加固转换工艺，分期分区顺利实施该部分工程。一期基坑采用路面铺盖系统半盖挖方式，实施完成时地下一层结构顶底板尚未封闭，地铁区间隧道需先期开通运营，该范围路面盖板系统临时立柱须割除，二期基坑通过采取路面盖板系统托换加固 + 主体结构内临时支撑 + 底板支撑板带 + 跳仓凿除主体围护 + 结构内换撑等组合措施，安全可靠地进行二期基坑开挖和分期围护桩的破除，并实现主体结构顺利封闭（图 4.41 ~ 图 4.47）。

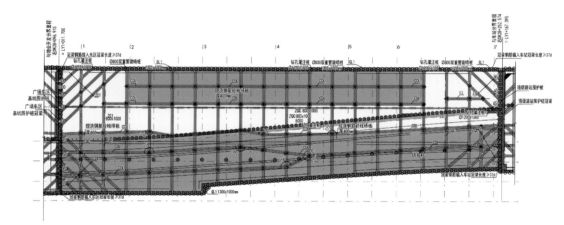

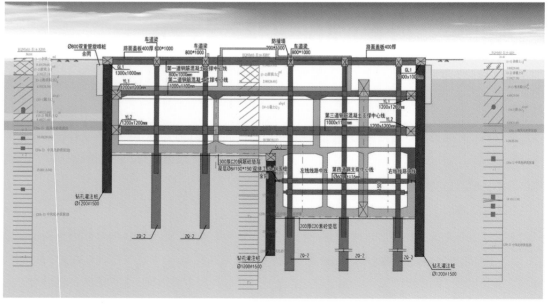

图 4.41 先期基坑

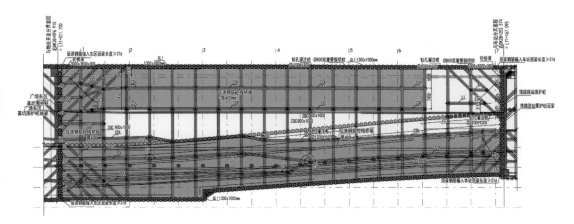

图 4.42 先期基坑路面盖板系统布置图

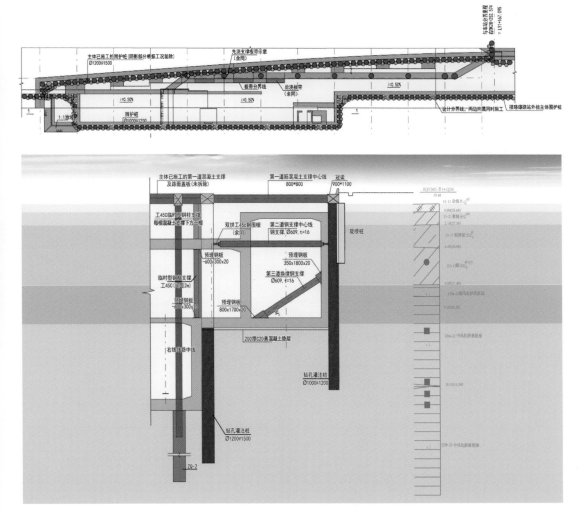

图 4.43 后期基坑

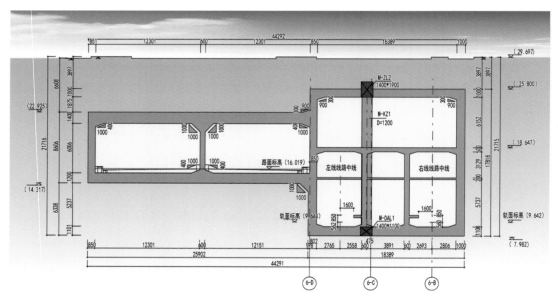

图 4.44 主体结构图 1

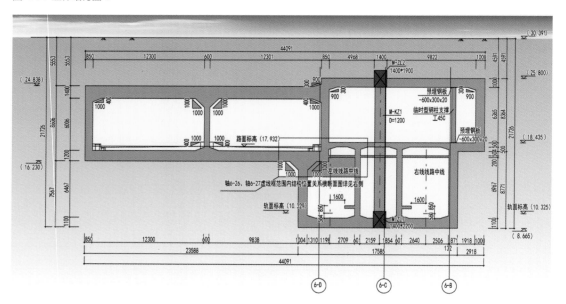

图 4.45 主体结构图 2

基坑最大开挖宽度为 44.4m，最大开挖深度为 23.2m，基坑开挖面积 6073.5m²。拟建区间场区位于剥蚀堆积垄岗区，场地地势有一定起伏，地面标高为 28.8 ~ 32.08m。工程采用钻孔灌注桩支护，明挖法施工。

明挖区间主体结构以 2 号线南延线区间右侧墙为界，施工分为两期，一期范围为南延线右侧墙北侧的地下一层物业开发、地下二层南延线区间和珞喻路市政隧道，二期范围为南延线右侧

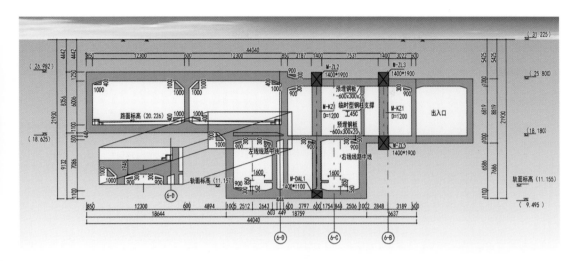

图 4.46 主体结构图 3

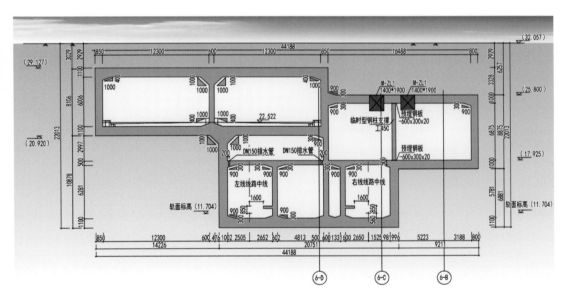

图 4.47 主体结构图 4

墙以南的部分地下一层物业开发和 V 号出入口。分期施工交界处地下一层顶板用临时型钢立柱支撑。明挖区间设计为地下两层，地下一层为物业开发，地下二层为珞喻路下穿公路隧道和地铁 2 号线南延线区间。工程采用地下两层多跨钢筋混凝土框架结构，主体结构设全外包防水层，2 号线南延线区间覆土 3.8 ~ 6.8m，底板埋深 21.8 ~ 22.6m，珞喻路隧道覆土 3.6 ~ 7.7m，底板埋深 16.1 ~ 11.8m。

2. 2 号线南延线区间隧道与既有站连接处理

矿山法段区间连接既有光谷广场站与光谷综合体大圆盘，设计范围起点为 2 号线右线一期设计终点里程（即光谷广场站），终点为光谷广场综合体圆盘起点，总长 6.942m，覆土约 11.8m，采用台阶法施工。

支护参数采用双层超前小导管 + 锚杆 + 格栅钢架 + 钢筋网 + 初喷混凝土 + 二次衬砌。

矿山法隧道开挖从光谷广场大圆盘往既有光谷广场站方向开挖。

既有光谷广场站预留大断面封堵墙接口，矿山隧道与封堵墙采用接口环梁，破除封堵墙时钢筋甩出锚入接口环梁中，锚入长度应满足锚固长度要求，若破除封堵墙过程中损坏钢筋导致不满足上述要求，须采取植筋等补救措施（图 4.48）。

封堵墙处防水板应和新建隧道防水板顺接。

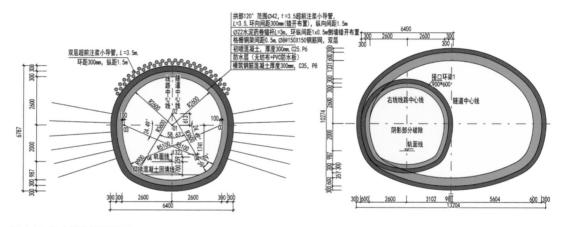

图 4.48 矿山段及接口断面

3. 11 号线车站预留区间盾构穿越条件

根据 11 号线工筹，采用 2 台盾构机先后从体育学院站始发，盾构过站通过光谷广场站后掘进至雄楚大道站吊出。光谷综合体广场西区 11 号线光谷广场站端头采用双排素混凝土钻孔桩加固，与广场西区工程同步实施。广场西区围护桩位于体育学院站—光谷广场站区段的钻孔桩采用玻璃纤维筋，为盾构直接穿越预留条件。11 号线光谷广场站按盾构过站进行设计及施工。

4. 9 号线远期预留接口条件

在出广场范围后，轨道线路下行接两端站点，公路通道上行出地面，地铁区间与车行通道分离至完全错层，保证轨道线路与公路通道分离，单独施工，出预留段后轨道线路可不再随着公路通道延伸，不但减小了同步实施工程的规模，还为施工组织提供了多种选择，更为远期 9 号线区间线路的局部调整保留了条件。在 9 号线区间预埋段的鲁磨路端口预留明挖接口条件，民族大道端口预留盾构法和矿山法接口条件。

5. 鲁磨路隧道与地铁 9 号线预埋段共建

9 号线线路位于光谷广场综合体的地下一层夹层,9 号线为侧式站台,鲁磨路隧道位于 9 号线中间,左右线将鲁磨路下穿通道包夹其中,沿南北向贯穿光谷广场。出光谷广场向北接地质大学站,向南接雄楚大道站。

在出广场范围后,9 号线区间隧道下行接两端站点,公路隧道上行出地面,地铁区间与车行通道分离至完全错层,保证地铁区间线路与公路隧道分离,单独施工,出预留段后区间隧道线路可不再随着公路通道延伸,不但减少了同步实施工程的规模,还为施工组织提供了多种选择,更为远期 9 号线区间线路的局部调整保留了条件。9 号线光谷广场站—地质大学站区间预留明挖接口,光谷广场站—雄楚大道站区间预留盾构和矿山两种接口条件。

区间隧道与鲁磨路车行通道并行,并行段考虑同槽施工。区间出并行段为单独后,两侧形成单独围护支撑体系(图 4.49、图 4.50)。

6. 珞喻路隧道与地铁 2 号线南延线区间共建

珞喻路隧道沿珞喻路敷设,与 2 号线南延线光谷广场站—珞雄路站区间及珞雄路站共通道敷设,平面及标高均存在交织段长度范围内相互影响的问题。受地下一层大厅及商业区标高、地铁 2 号南延线珞雄路站站点结构顶面标高、通道净空及相关设备空间影响,主体结构复杂多变,厘清标高及位置关系至关重要。

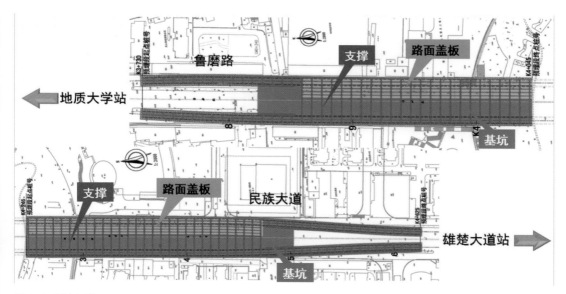

图 4.49 围护布置

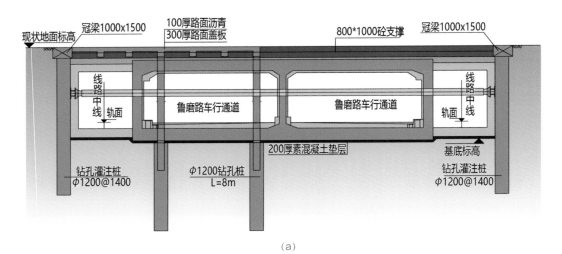

（a）

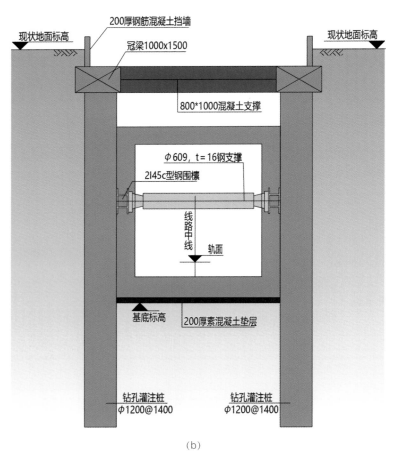

（b）

图 4.50 围护断面图

Chapter 5

通风空调设计

1 地下空间火灾烟气控制

随着我国城市建设的大力推进，高大空间建筑呈日新月异的发展之势，国内不断涌现出形态各异的大型体育场馆、会展中心、影剧院、大型商场、交通枢纽、航站楼等高大空间建筑。高大空间建筑具有空间大、宽敞畅通、采光好等优点，但是从消防安全的角度看，空间庞大反而会带来一系列消防隐患[5]。

① 火灾蔓延迅速。空间大导致无法进行有效的防火、防烟分隔，一旦发生火灾，烟气会在大空间内迅速蔓延、扩展，火灾得以迅速发展，容易造成较大的财产损失。

② 大空间构件容易坍塌。大空间建筑物通常都是钢结构，其耐火等级较低。钢材在长时间高温燃烧的情况下，难以保持其原有的刚度及强度。当温度到达550℃时，钢材的屈服强度将会降至其在正常情况下屈服强度的一半，而当温度达到600℃及以上时，钢材的强度以及硬度将趋近于零。

③ 安全疏散困难。该类大空间建筑大多为公用性建筑，人员密集且人员对逃生路线不熟，难以找到安全出口。

由于高大空间建筑结构的特殊性和使用功能的具体需要，其火灾的防治与普通建筑具有明显的差别，为保证人员和结构安全，需进行高大空间建筑的防火与防排烟设计。

大型地下综合交通枢纽一般埋深大、空间广、对外出口少、火灾规模大、人员密集、地面交通拥挤，一旦发生火灾或其他突发事件，逃生时间长，疏散救援困难，将造成严重后果[6~9]。

为了营造宜人的地下空间环境，武汉光谷广场综合体采用大跨度、高空间，并采取下沉庭院、采光天窗等设计手段，将阳光引入地下空间，同时实现与周边各地块的连通，形成了超大规模的地下一层公共区（面积31500m²，体积300000m³，相当于10个标准地铁站）。为满足地下一层公共区防排烟要求，设计需达到的总排烟量为2070400m³/h。光谷广场综合体设计远期客流高峰小时达到8.8万人，如何在火灾等紧急情况下保证如此庞大的客流疏散的安全，也是本工程亟须解决的一个重大课题。

地下一层采光带设计

光谷广场综合体地下一层包括通高大厅、2号线换乘通道和9号线架空站台。在通高大厅顶部设有环形采光带，9号线轨行区和站台上方设有条形采光带，如图5.1所示。为满足地下一层全地下高大空间的防排烟要求，结合顶部设置的自然采光天窗进行自然排烟设计。采光天窗设置保证与地下一层任一处的距离均不超过30m，可开启面积不小于地下1层总面积的5%，采光带布置方式及编号见图5.2。自然排烟时采光天窗的有效排烟面积（去框面积）见表5.1，占地下一层地面面积的8.07%，符合相关规范中对净高小于12m大空间建筑排烟面积不低于地面面积5%的要求[10]。

图 5.1 顶部采光带示意图

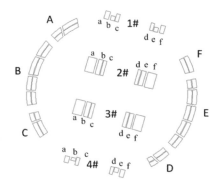

图 5.2 采光带布置方式及编号

表 5.1 自然排烟时采光天窗的有效排烟面积

条形排烟天窗编号	a	b	c	d	e	f
1# 区域面积 /m²	22.40	11.99	16.52	16.52	11.99	22.40
2# 区域面积 /m²	88.00	41.80	32.45	32.45	41.80	88.00
3# 区域面积 /m²	88.00	41.80	32.45	32.45	41.80	88.00
4# 区域面积 /m²	18.47	8.26	16.52	16.52	11.99	22.40
环形排烟天窗编号	A	B	C	D	E	F
面积 /m²	138.64	320.32	121.91	99.58	344.14	85.78

地下一层采光带作为自然排烟窗可行性分析

经调研，国内有东莞国际会展中心、天津奥林匹克中心水上中心、青岛国际博览中心、国家会议中心等地上高大空间建筑采用自然排烟设计，这表明自然排烟方式在大空间建筑中具有可行性。从消防安全角度出发，如果某种排烟方案能够将烟气维持在一定高度以上，且能保证人员疏散安全，那么该排烟方案就是安全可行的。

光谷广场综合体地下一层通高大厅顶部布置了大面积的环形采光带，地铁 9 号线站台以及轨行区上方布置了条形采光带。地下一层典型火灾位置为站台区、轨行区以及通高大厅。而采光带位置均处于易发生火灾的区域上方，当发生火灾时，若将采光窗作为自然排烟口，可将火灾产生的大量热烟气迅速排出。因此，将采光带作为自然排烟口具有合理性。

自然排烟可行性验证及排烟效率研究

针对光谷广场综合体地下一层利用采光带作为排烟窗的情况，课题组采用 FDS 软件对不同位置火灾时自然排烟效果进行研究，并获得各火灾场景下的自然排烟效率；由于地铁9号线站台架空设置在地下一层站厅，需分别计算站厅上方2m高度和站台上方2m高度处的人员可用安全疏散时间，以验证光谷广场自然排烟可行性。

根据地下一层建筑功能特性，火灾易发于地铁9号线站台区、列车轨行区和站厅区。将地下一层平面分为Ⅰ～Ⅳ四个区域，各区域分别关于轴线1-1、2-2对称，则Ⅰ、Ⅱ、Ⅲ、Ⅳ区域内的火灾位置、排烟窗设置等具有等效性；同时考虑地下二层中庭侧部采用自然排烟通风模式。在地下一层设计6个典型火源位置（A、B、C、D、E、F）研究顶部采光带自然排烟效果，如图5.3所示。根据我国《城市消防站建设标准》（建标152—2017），城市规划区内普通消防站的布局应在接到报警后5min内消防队可达到责任区边缘，并在火灾发生后15min开展有效的灭火措施并控制火势的发展。因此，为更好反映烟气蔓延规律，本次模拟火灾时间设计为1200s。

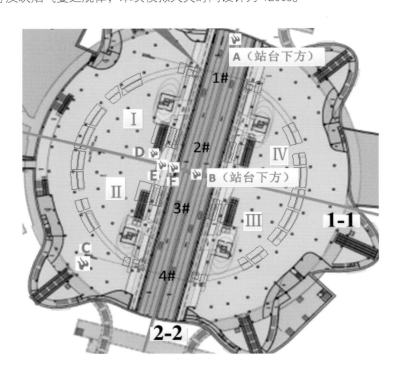

图5.3 地下一层区域划分

由于光谷广场综合体地下一层功能主要为三线地铁的换乘大厅，周边的物业开发均采取了有效的防火分隔措施，装修及管线材料均采用不燃、难燃材料，因此该区域主要火灾荷载为乘客携带的行李物品。据英国Building Research Establish出版报告 *Design Principles for Smoke Ventilation in Enclosed Shopping Center* 统计，人员聚集公共场所火灾规模为2.0～2.5MW；国内大部分研究人员也认为列车旅客的行李着火时最大热释放速率不超过2.0MW[11]。考虑光谷广场综合体地下一层建筑体量大、客流量大，且客流组成较为复杂，参考国内外学者采用的火灾荷载值并乘以1.5倍的安全系数，将乘客行李火灾荷载定为3.0MW，火灾增长系数取0.0469kW/s²。

为更好地表现烟气排出室外情况，用排烟效率表征烟气的排出效果。将排烟效率定义为在自然排烟作用下单位时间内所有排烟口的排烟量之和占烟气羽流质量生成量的百分数，即：

$$\varepsilon = \frac{m_e}{m_p} \times 100\% = \sum \varepsilon_i = \frac{\sum m_{ei}}{m_p} \times 100\% \qquad (5.1)$$

式中：ε——排烟系统的排烟效率，%；

m_e——全部排烟口的排烟量，kg/s；

m_p——烟气质量生成量，kg/s；

m_{ei}——第 i 个排烟口的排烟量，kg/s。

由于烟气中成分较多，且烟气蔓延至排烟口处的过程中卷吸新鲜空气，烟气质量生成量和烟气排出量均难以测定。因此，选取燃烧的主要产物 CO_2 作为计算依据，以排烟口排出的 CO_2 量 m_e 和火源生成的 CO_2 量 m_p 表征烟气的排出量和火源的烟气生成量，以 ε 评价自然排烟系统的排烟效率。

火源 B 位于地下一层地铁 9 号线架空站台下方站厅中心处，火源距顶部排烟窗较远，同时火灾烟气会被站台夹层阻隔，为火源最不利位置。限于篇幅，下面仅从《武汉光谷广场综合体工程消防性能化评估报告》中摘选火源处于最不利位置 B 处的模拟工况进行论述（图 5.4），以验证地下一层采用自然排烟的可行性，同时研究地下一层能够有效排烟的最小吊顶镂空率。设置火灾场景 B301、B302、B303、B304，分别为 50%、33%、25% 和 12.2% 吊顶镂空率下站厅火源最不利位置处行李火灾。

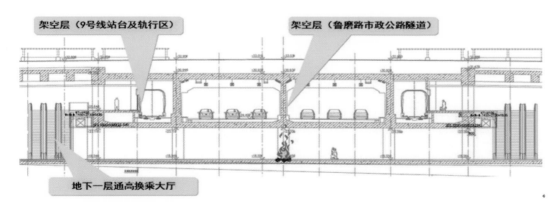

图 5.4 站厅中心处火源 B（火源最不利点）位置

1. 火灾场景 B301

火灾场景 B301 设计为地下一层吊顶镂空率为 50%，火源位置 B 下，站台防火卷帘拉下，屏蔽门关闭，站厅区排烟窗（a、f、A、B、C、D、E、F）和站台区排烟窗（b、e）在火灾发生 240s 后开启。

① 烟气流动。

由图 5.5 可知，火灾发生后，烟气沿着站台底部蔓延，随着蔓延范围逐渐增大，烟气上升至站厅上方区域，最后通过站厅区排烟窗排出；站台防火卷帘和楼梯口挡烟垂壁起到了很好的隔烟作用，无烟气越过挡烟垂壁蔓延至站台。

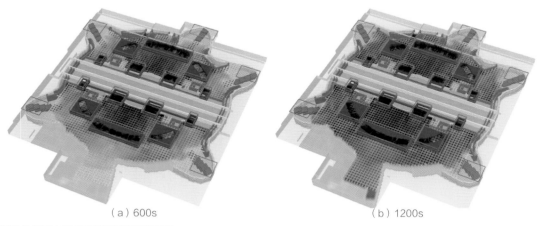

（a）600s　　　　　　　　　　　　　（b）1200s

图 5.5　B301 不同时刻烟气蔓延分布图

② 2m 高处温度分布。

根据上述烟气蔓延规律，无烟气蔓延至 9 号线站台，烟气不会对站台人员疏散产生影响。故本节只分析站厅人员高度处的温度、能见度和 CO 浓度分布。

由图 5.6 可知，火灾发生后由于烟气在架空站台底部聚集，站台下方部分区域距地面 2m 高处温度较高，但最高温度不超过 25℃；站厅内其他区域距地面 2m 高处温度变化较小。故模拟火灾发生 1200s 内站厅人员高度处温度满足疏散要求。

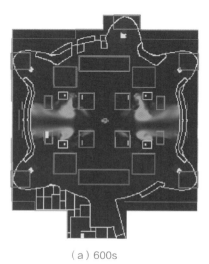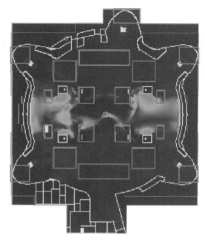

（a）600s　　　　　　　　　　　　　（b）1200s

图 5.6　B301 不同时刻站厅 2m 高处温度分布图

③ 2m 高处能见度分布。

由图 5.7 可知，架空站台下方能见度有所下降，但大部分区域能见度在 15m 以上；火灾发生 814s 后火源附近区域和站台支柱区域人员高度处能见度降低到 10m 以下。故模拟火灾发生 1200s 内站厅人员高度处能见度满足疏散要求，同时建议人员疏散时应注意远离火源和站台下方支柱区域。

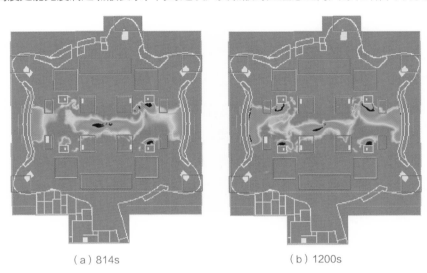

（a）814s （b）1200s

图 5.7 B301 不同时刻站厅 2m 高处能见度分布图

④ 2m 高处 CO 浓度分布。

由 5.8 图可知，除火源附近 CO 浓度较高，站厅其余区域人员高度处 CO 浓度均低于 $0.5 \times 10^{-8} kg/m^3$，远小于人员安全疏散标准浓度 $2.2 \times 10^{-4} kg/m^3$。故模拟火灾发生 1200s 内站厅人员高度处 CO 浓度满足疏散要求。

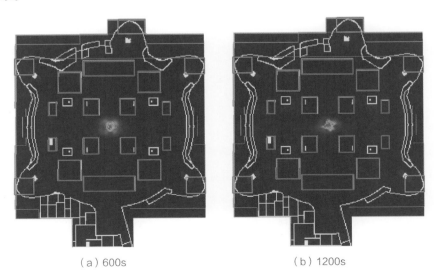

（a）600s （b）1200s

图 5.8 B301 不同时刻站厅 2m 高处 CO 浓度分布图

⑤ 排烟效率。

取 1100 ～ 1200s 模拟数据计算，排烟窗总排烟效率为 88.64%。

2. 火灾场景 B302

火灾场景 B302 设计为地下一层吊顶镂空率为 33%，火源位置 B 下，站台防火卷帘拉下，屏蔽门关闭，站厅区排烟窗（a、f、A、B、C、D、E、F）和站台区排烟窗（b、e）在火灾发生 240s 后开启。

① 烟气流动。

由图 5.9 可知，火灾发生后，烟气沿着站台底部蔓延，随着蔓延范围逐渐增大，烟气上升至站厅上方区域，最后通过站厅区顶部排烟窗排出；站台防火卷帘和楼梯口挡烟垂壁起到了很好的隔烟作用，无烟气越过挡烟垂壁蔓延至站台。

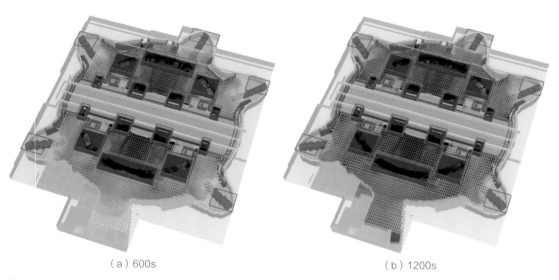

（a）600s　　　　　　　　　　　　　　　　（b）1200s

图 5.9 B302 不同时刻烟气蔓延分布图

② 人员高度处火灾参数分布。

图 5.10 ～图 5.12 分别为地下一层站厅火灾场景 B302 下站厅 2m 高处不同时刻温度、能见度、CO 浓度分布图。由图可知，火灾发生后由于烟气在架空站台底部聚集，站台下方部分区域人员高处温度升高，但最高温度不超过 25℃；架空站台下方能见度有所下降，火源和支柱附近区域能见度低于 10m，但站厅大部分区域能见度均在 15m 以上；除火源附近区域，站厅其他位置人员高度处 CO 浓度基本无变化。故模拟火灾发生 1200s 内站厅人员高度处，各项火灾参数满足安全疏散要求。

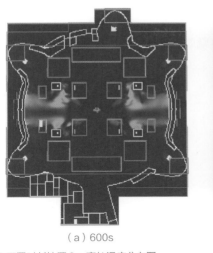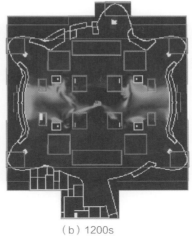

（a）600s　　　　　　　　　　　　　　（b）1200s

图 5.10　B302 不同时刻站厅 2m 高处温度分布图

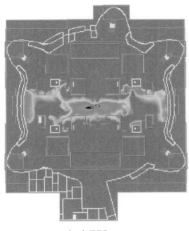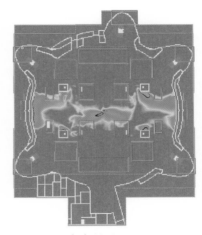

（a）756s　　　　　　　　　　　　　　（b）1200s

图 5.11　B302 不同时刻站厅 2m 高处能见度分布图

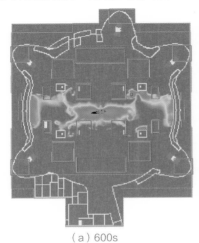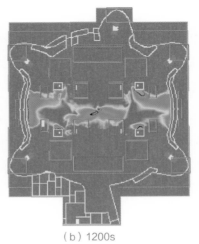

（a）600s　　　　　　　　　　　　　　（b）1200s

图 5.12　B302 不同时刻站厅 2m 高处 CO 浓度分布图

③ 排烟效率。

取 1100 ~ 1200s 模拟数据计算，排烟窗总排烟效率为 86.32%。

3. 火灾场景 B303

火灾场景 B303 设计为地下一层吊顶镂空率为 25%，火源位置 B 下，站台防火卷帘拉下，屏蔽门关闭，站厅区排烟窗（a、f、A、B、C、D、E、F）和站台区排烟窗（b、e）在火灾发生 240s 后开启。

① 烟气流动。

由图 5.13 可知，站厅顶部空间烟气聚集较多，少量烟气越过楼梯上方挡烟垂壁蔓延至站台。

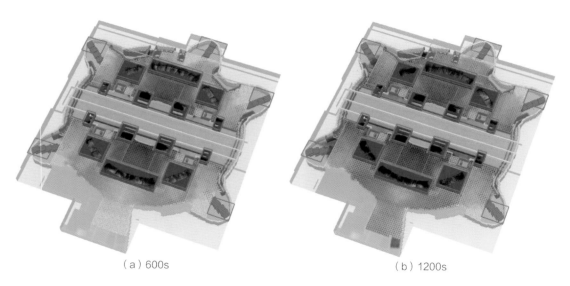

（a）600s

（b）1200s

图 5.13 B303 不同时刻烟气蔓延分布图

② 人员高度处火灾参数分布。

a. 站厅人员高度处。

图 5.14 ~ 图 5.16 分别为地下一层站厅火灾场景 B303 下站厅 2m 高处不同时刻温度、能见度和 CO 浓度分布图。由图可知，火灾发生后由于烟气在架空站台底部聚集，站台下方部分区域人员高度处温度升高，但最高温度低于 25℃；架空站台下方能见度有所下降，火源和支柱附近区域能见度低于 10m，但站厅大部分区域能见度均在 15m 以上；除火源附近区域，站厅其他位置人员高度处 CO 浓度基本无变化。故模拟火灾发生 1200s 内站厅人员高度处，各项火灾参数满足安全疏散要求。

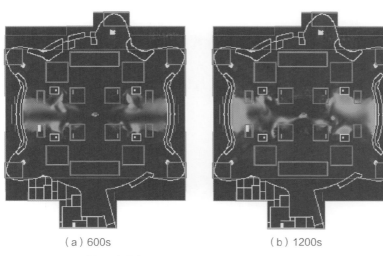

（a）600s　　　　　　　　　（b）1200s

图 5.14 B303 不同时刻站厅 2m 高处温度分布图

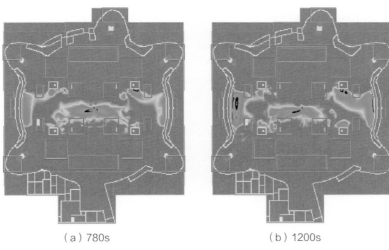

（a）780s　　　　　　　　　（b）1200s

图 5.15 B303 不同时刻站厅 2m 高处能见度分布图

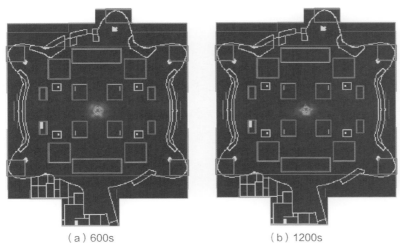

（a）600s　　　　　　　　　（b）1200s

图 5.16 B303 不同时刻站厅 2m 高处 CO 浓度分布图

b. 站台人员高度处。

图 5.17 ～图 5.19 分别为地下一层站厅火灾场景 B303 下站台 2m 高处不同时刻温度、能见度和 CO 浓度分布图。由图可知，部分烟气蔓延至站台内，导致站台靠近楼梯区域人员高度处温度升高，但最高温度不超过 25℃；站台靠近楼梯区域能见度有所降低，但始终大于 15m；站台人员高度处基本无 CO。故模拟火灾发生 1200s 内站台人员高度处，各项火灾参数满足安全疏散要求。

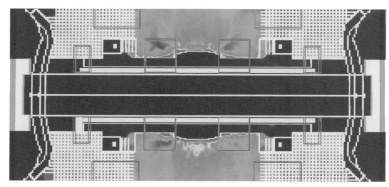

（a）600s

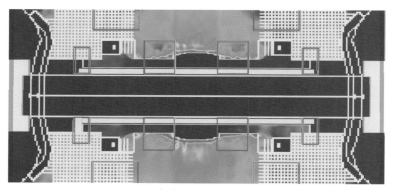

（b）1200s

图 5.17 B303 不同时刻站台 2m 高处温度分布图

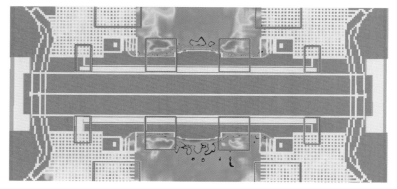

（a）600s

图 5.18 B303 不同时刻站台 2m 高处能见度分布图

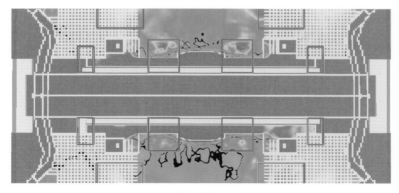

（b）1200s

续图 5.18

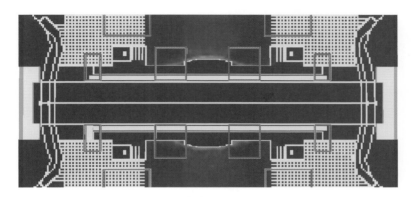

（a）600s

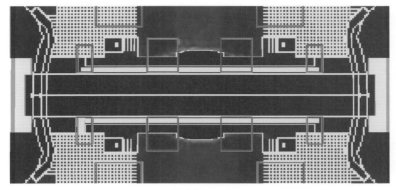

（b）1200s

图 5.19 B303 不同时刻站台 2m 高处 CO 浓度分布图

③ 排烟效率。

取 1100 ~ 1200s 模拟数据计算，排烟窗总排烟效率为 85.66%。

4. 火灾场景 B304

火灾场景 B304 设计为地下一层吊顶镂空率为 12.2%，火源位置 B 下，站台防火卷帘拉下，屏蔽门关闭，站厅区排烟窗（a、f、A、B、C、D、E、F）和站台区排烟窗（b、e）在火灾发生 240s 后开启。

① 烟气流动。

由图 5.20 可知，吊顶镂空率较小，较多烟气聚集在吊顶下方，部分烟气越过楼梯上方挡烟垂壁蔓延至站台。

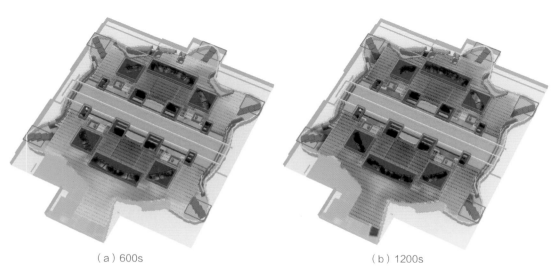

|（a）600s|（b）1200s|

图 5.20 B304 不同时刻烟气蔓延分布图

② 人员高度处火灾参数分布

a. 站厅人员高度处。

图 5.21 ~ 图 5.23 分别为地下一层站厅火灾场景 B304 下站厅 2m 高处不同时刻温度、能见度和 CO 浓度分布图。由图可知，火灾发生后由于烟气在架空站台底部聚集，站台下方部分区域人员高度处温度升高，但最高温度不超过 25℃，且站台下方温度升高区域较镂空率较大场景时增大；架空站台下方能见度有所下降，火源和站厅边缘在火灾发生 792s 时出现能见度低于 10m 区域，且较镂空率较大场景时能见度较低区域明显增大，说明此时烟气较多聚集在站厅内；除火源附近区域，站厅其他位置人员高度处 CO 浓度基本无变化。故模拟火灾发生 1200s 内站厅人员高度处，各项火灾参数满足安全疏散要求。

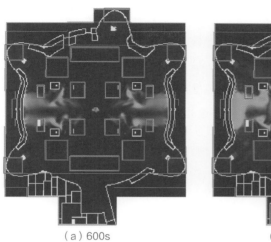

（a）600s （b）1200s

图 5.21 B304 不同时刻站厅 2m 高处温度分布图

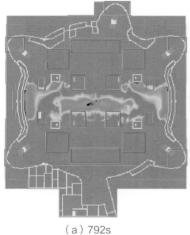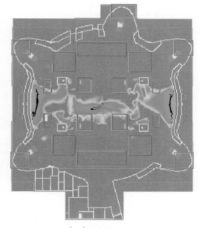

（a）792s （b）1200s

图 5.22 B304 不同时刻站厅 2m 高处能见度分布图

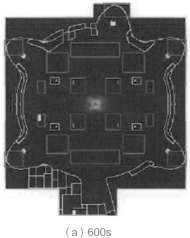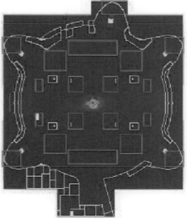

（a）600s （b）1200s

图 5.23 B304 不同时刻站厅 2m 高处 CO 浓度分布图

b. 站台人员高度处。

图 5.24 ～图 5.26 分别为地下一层站厅火灾场景 B303 下站台 2m 高处不同时刻温度、能见度和 CO 浓度分布图。由图可知，部分烟气蔓延至站台内，导致站台靠近楼梯区域人员高度处温度升高，但最高温度不超过 25℃；站台靠近楼梯区域能见度有所降低，但始终大于 15m；站台人员高度处基本无 CO。故模拟火灾发生 1200s 内站台人员高度处，各项火灾参数满足安全疏散要求。

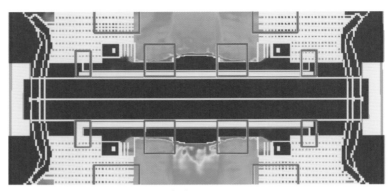

（a）600s

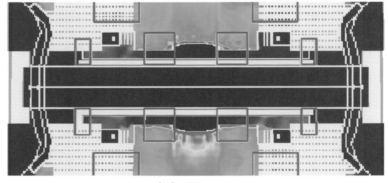

（b）1200s

图 5.24 B304 不同时刻站台 2m 高处温度分布图

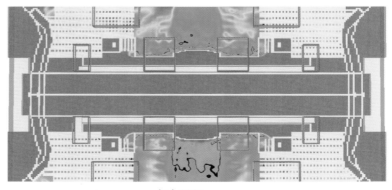

（a）600s

图 5.25 B304 不同时刻站台 2m 高处能见度分布图

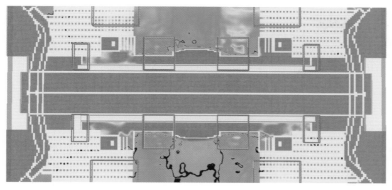

（b）1200s

续图 5.25

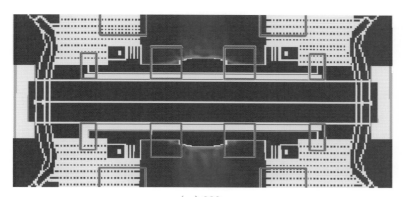

（a）600s

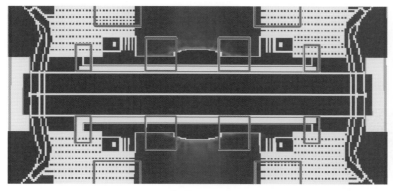

（b）1200s

图 5.26　B304 不同时刻站台 2m 高处 CO 浓度分布图

③ 排烟效率。

取 1100 ~ 1200s 模拟数据计算，排烟窗总排烟效率为 83.53%。

5. 排烟效率分析

根据上述模拟结果及自然排烟效率统计（图 5.27），分析得出以下结论。

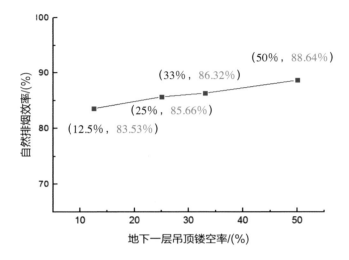

图 5.27 不同吊顶镂空率下自然排烟效率统计

① 各镂空率下地下一层最不利位置处发生火灾时自然排烟效率均大于 80%，大部分烟气能够通过顶部自然排烟窗排出，排烟效果较好。

② 地下一层吊顶镂空率由 50% 降低至 12.5%，自然排烟效率逐渐减小，但整体减小浮动不大。这是由于地下一层空间较大，烟气横向蔓延范围较广，镂空率较小时烟气仍可通过镂空吊顶有效排出，排烟效率降低较小。

③ 当地下一层吊顶镂空率低于 33% 时，由于自然排烟效率的下降，部分烟气沉降越过楼梯上方挡烟垂壁蔓延至 9 号线站台区。

综合考虑地下一层顶部自然排烟效率和烟气蔓延范围，建议地下一层吊顶镂空率设计在 33%以上，以确保烟气有效排出和人员安全疏散。

2　地下空间气流组织设计

随着我国城市建设的快速发展，不断涌现出形态各异的大型体育场馆、会展中心、影剧院、大型商场、候机楼等高大空间建筑。大空间建筑是指空间高度大于 5m、体积大于 10000m^3 的建筑[12]，具有空间大、宽敞畅通、采光好等优点，但同时又带来防灾及室内环境品质控制等方面的难题[13]；地下建筑的通风空调系统是保证地下室内空气品质的关键因素。而高效、合理的气流组织对于改善室内空气品质、控制室内空气污染物水平、保证人体健康和舒适有着至关重要的意义[14]。

地下一层气流组织设计

光谷广场综合体地下一层为直径 200m 的圆盘形相互连通的全地下高大空间，主要包括地铁公共换乘大厅（通高大厅及架空夹层下方区域）、架空站台层（9 号线侧式站台）。地下一层作为 3 条线路地铁公共换乘大厅，综合考虑车站轨道换乘客流、周边地下商业客流及市政过街客流，高峰小时进出站客流量大，达到 88371 人次。通高大厅净高最低处为 8m，最高处为 10.6m；架空夹层下方区域宽 50m 左右，净高 4m；9 号线单侧站台有效宽度 4m，净高 3.5m；建筑面积 31500m²，体积 300000m³。限于篇幅，本书仅从铁四院科技研究开发计划《光谷广场综合体气流组织优化研究》（2015K104）中摘选相关章节，对地下一层高大空间的通风空调系统的设计及模拟工况进行介绍。

① 地下一层圆盘大厅（除 9 号线站台下方区域）：采用变风量全空气系统，旋流风口顶送风，通风空调机房侧墙风口集中回风。圆盘大厅划分为 4 个区域，通风空调设备分别布置在圆盘大厅四个角落的通风空调机房内。地铁通风空调机房 A 内布置 1 台组合式空调器（KT-A101）、1 台回排风机（HPF-A101）、1 台小新风机（XF-A101）；地铁通风空调机房 D 内布置 1 台组合式空调器（KT-D101）、1 台回排风机（HPF-D101）、1 台小新风机（XF-D101）；地铁通风空调机房 F 内布置 1 台组合式空调器（KT-F101）、1 台回排风机（HPF-F101）、1 台小新风机（XF-F101）；地铁通风空调机房 G 内布置 1 台组合式空调器（KT-G101）、1 台回排风机（HPF-G101）、1 台小新风机（XF-G101）；4 台小新风机对圆盘大厅区域送新风以满足人员新风量。组合式空调器和回风排风机均采用变频控制，其中组合式空调器中设置蜂巢型电子空气过滤器（要求颗粒物净化率大于 96%，杀菌效率大于 93%，风阻不大于 30Pa，清洗简便，无二次污染，使用寿命在 15 年以上）。

② 地下一层圆盘大厅 9 号线站台下方区域：划分为 H 端、E 端及中部 3 个区域。H 端和 E 端采用卧式空调器送风，余压回风，气流组织方式采用球形喷口侧送，H 端采用空调机房侧墙设百叶余压回风，E 端采用吊顶内回风口集中回风。中部亦采用卧式空调器吊顶内安装，采用球形喷口侧送风。H 端通风空调设备设置于 9 号线站台小里程端端部两个空调机房内，两个机房内分别设置一台卧式空调器（KT-H101、KT-H102）。E 端通风空调设备设置与地下一层 E 端空调机房内，机房内设置两台卧式空调器（KT-E101、KT-E102）。中部区域吊顶内设置 4 台卧式空调器（KT-H103 ~ KT-H104、KT-E103 ~ KT-E104）。

③ 地下一层夹层 9 号线站台区域：采用吊式空调器吊顶内安装，散流器顶送风。共设置 16 台吊式空调器（KT-H201 ~ KT-H208、KT-E201 ~ KT-E208）。

④ 地下一层圆形大厅东侧圆盘范围外公共区：在公共区吊顶内设置 6 台风机盘管（FP-G101 ~ FP-G106），在银行网点内设置 2 台风机盘管（FP-G107、FP-G108），气流组织采用上送上回。

⑤ 地下一层换乘通道：采用变风量全空气系统，散流器顶送风，单层百叶风口顶回风。换乘通道处地铁通风空调机房 C 内布置 1 台组合式空调器（KT-C101）、1 台回排风机（HPF-C101）、1 台小新风机（XF-C101）；小新风机对换乘通道区域送新风以满足人员新风量。组合式空调器和回风排风机均采用变频控制，组合式空调器中设置蜂巢型电子空气过滤器。

表 5.2　地下一层大系统空调设备冷负荷及风量分配表

区　域	位　置	面积 /m²	冷负荷 /kW	送风量 /（m³/h）	回风量 /（m³/h）	新风量 /（m³/h）
地下一层圆盘大厅	通高大厅区域	21205	3933	463455	377548	85907
	9号线站台夹层下部区（H端）	2194	407	463455	463455	—
	9号线站台夹层下部区（中部）	3784	702	82703	82703	—
	9号线站台夹层下部区（E端）	1912	355	41789	41789	—
地下一层夹层9号线站台		2368	532	88146	88146	—
地下一层2号线换乘通道		3043	734	80755	52707	28048

地下一层天然采光与辐射

　　光谷广场地下一层大厅顶部设有环形采光带及在9号线站台上方设有条形采光带进行采光，天然采光天窗的设置改善了地下一层的光环境，降低了室内的照明能耗，但同时也增加了透过玻璃天窗的太阳辐射热，进而导致了地下一层空调负荷的增加，本书采用 Ecotect 软件对自然采光及逐时太阳辐射负荷进行模拟计算。采光天窗使用的是 Low-E 玻璃，本次研究采用 2m×2m 的方形网格，网格数为 7860 个。根据《建筑采光设计标准》（GB 50033—2013），公共场所采光照度标准平面选择地面，因此在模拟采光时，将网格设置在地面处。室外天然光设计照度 13500lx，室外天然光临界照度 4500lx。室内天然光设计照度 300lx，光气候系数 K 值 1.1。本项目地下一层布置采光天窗，参照《建筑采光设计标准》（GB 50033—2013）交通建筑采光标准值（表 5.3）及所处光气候分区的光气候系数，可以判断其室内天然采光照度标准值（顶部采光）为 2.3%。由于辐射负荷全部由天窗进入地下一层空间，模拟得到窗户的辐射负荷等同于进入地下一层的辐射负荷。天气情况依据软件自带的 weather tool 给出的数据。天空晴朗程度依据软件提供的参考数据。夏季天空为晴朗天空，冬季为阴天空，春秋季节介于晴朗天空与阴天空之间。窗户的洁净程度选择中度洁净，系为 0.9。三维建模图形及可视化图分别如图 5.28、图 5.29 所示。

表 5.3 交通建筑采光标准值（GB/T 50033-2013）

采光等级	场所名称	侧面采光		顶部采光	
		采光系数标准值 /（%）	室内天然光照度标准值 /lx	采光系数标准值 /（%）	室内天然光照度标准值 /lx
Ⅲ	进站厅、候机厅	3.0	450	2.0	300
Ⅳ	出站厅、连接通道、自动扶梯	2.0	300	1.0	150
Ⅴ	站台、楼梯间、卫生间	1.0	150	0.5	75

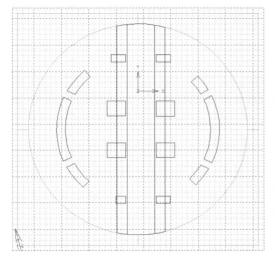

图 5.28 三维建模图

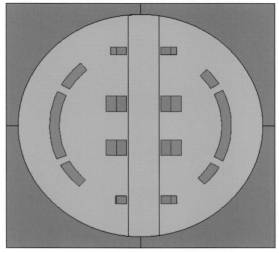

图 5.29 可视化模型

1. 天然采光照度模拟分析

　　天然采光模拟情况在图 5.30 和图 5.31 中给出，图 5.30 给出的是春分、夏至、秋分、冬至四天的逐时平均照度情况，可以看出夏至日全天照度明显高于其他三天，在中午时刻比秋分和春分日照度高四倍左右，春分与秋分的逐时照度基本相同，主要是因为这两天的天气条件基本相同。由于冬季太阳高度角比较低，大气透明度不高，所以冬至日照度也是四天中最低的。图 5.31 给出的是最晴天与最阴天的天然采光情况。最晴天的中午平均照度接近 5000lx，而最阴天的中午平均照度则只有 500lx 左右，照度相差还是很大。除去夏至日与最晴天，剩余四天中 7—8 点和 17—18点的天然采光量不足，而在夏至日和最晴天的中午，天然采光量过大。夏至日与最晴天各自一天中的照度值相差约 4000lx，而冬至日与最阴天各自照度值约相差 300lx。

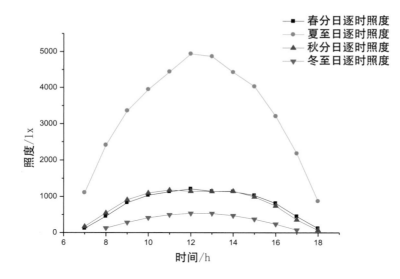

图 5.30 春分、夏至、秋分、冬至天然采光

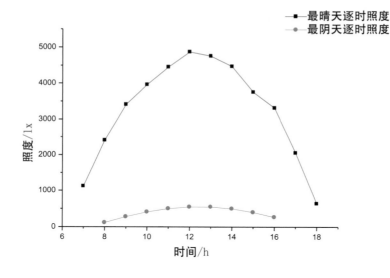

图 5.31 最晴天、最阴天天然采光

图 5.32、图 5.33 给出的是全阴天情况下天然采光系数和天然采光照度情况，从图中可以看出，天然采光系数平均值为 5.59%，天然采光照度平均值为 503lx。表 5.3 依据交通建筑顶部采光标准规定，采光系数标准值是 2%，考虑武汉所在光气候 IV 区，采光系数修正为 2.3%，采光照度标准值是 300lx，在全阴天情况下都可以达到要求。但是在非全阴天情况下，夏季中午有光照直射的区域，照度值可能会超过 4000lx，在此区域容易形成眩光，建议在夏季中午开启遮阳设施，减少室内太阳直射，避免眩光。而在没有直射的区域，照度值下降很快，照度值基本都在 300lx 以下，不能达到交通建筑采光标准。在照度值不能达到要求的区域需要采取人工照明。

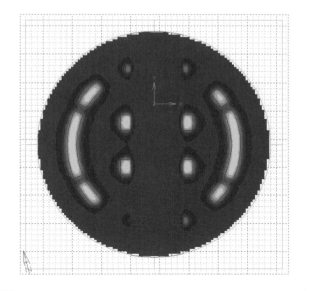

图 5.32 全阴天自然采光系数

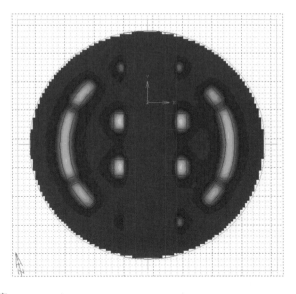

图 5.33 全阴天自然采光照度

由此也可以看出，虽然采用天然采光可以达到交通建筑顶部采光标准规定，但是照度的分布很不均匀，中午在有光照直射的区域需要采取遮阳措施以减少光照，而没有光照直射的区域则需要辅助人工照明。天窗面积不同，天然采光量也不同，本书分别选取天窗面积与光谷广场面积之比为 0.1、0.2、0.3 进行模拟，加之之前设计给定的天窗面积与光谷广场面积之比是 0.08，共进行 4 种工况的模拟分析，由于条形采光带对通高大厅的采光影响不大，只通过改变环形采光带的面积来分析对通高大厅采光影响。

通高大厅的采光数据在表 5.4 中给出。通过表中数据看出 5 种情况下采光照度都可以达到规范要求，在天窗面积与广场面积比值在 0.08 和 0.1 的时候 U_1 与 U_2 的值基本相同，可见采光均匀度基本相同。而当天窗面积与广场面积比值达到 0.2 和 0.3 时，平均照度有明显上升，最小照度也有很大提高，甚至在天窗面积与广场面积比值达到 0.3 时出现最小照度都超过 300lx，但是最大照度处达到 5653lx，这些区域容易出现眩光，同时采光并没有因为天窗面积增大而更加均匀。根据以上情况，建议按照原有设计天窗面积与广场面积比值进行施工。图 5.34 给出添加人工照明设备后的采光情况，添加人工光源之后，照度变得更加均匀，表 5.5 给出了有无人工光源下的采光情况，可以看出添加人工光源以后照度最小值增加了 65%，照度均匀度 U_1 从 0.348 增加到 0.520，增加人工光源后采光情况明显改善。

表 5.4 不同天窗大小采光模拟结果

天窗面积与广场面积比值	E_{min}	E_{max}	E_{ave}	U_1	U_2
0.08	117	3086	336	0.348	0.038
0.1	128	3174	358	0.357	0.040
0.2	277	4914	932	0.297	0.056
0.3	427	5653	1494	0.286	0.075

注：E_{min}、E_{max}、E_{ave} 的单位是 lx；$U_1=E_{min}/E_{ave}$，$U_2=E_{min}/E_{max}$。

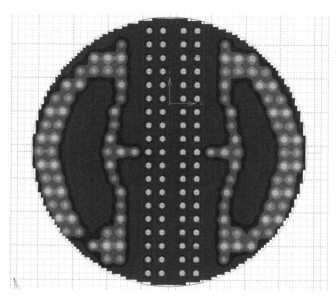

图 5.34 人工光源照度情况

表 5.5 不同光源采光模拟结果

采光形式	$E_{\min}$	$E_{\max}$	E_{ave}	U_1	U_2
自然采光	117	3086	336	0.348	0.038
自然采光结合人工采光	288	3233	554	0.520	0.089

注：$E_{\min}$、$E_{\max}$、E_{ave} 的单位是 lx；$U_1 = E_{\min}/E_{\text{ave}}$，$U_2 = E_{\min}/E_{\max}$。

2. 冷负荷模拟分析

图 5.35 给出的是 ECOTECT 给出的 5 个典型日（一年中负荷最大的 5 天）的逐时冷负荷，可以从图中看出，冷负荷最大的 5 天基本都集中在夏季，一天中最高负荷出现在中午 12 点左右，而且都超过了 550kW。在 5 月 25 日这天 12 点冷负荷接近 800kW。可以看出五天中冷负荷的增减趋势一致，在 6 时开始接收太阳辐射，由于太阳高度角比较低，冷负荷比较小。随着时间的推移，冷负荷逐渐增大，在 12 点达到最大值，随后逐渐减小，整体以 12 点为轴，呈对称分布，在 7 月 26 日和 27 日 18 时的负荷为零，这是因为在一年中时间不同，则日照时长不同。

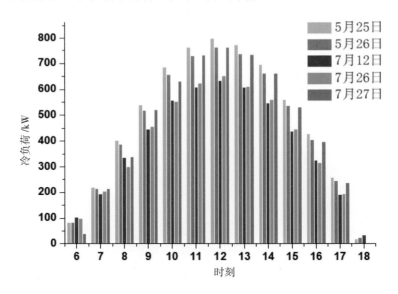

图 5.35 典型日逐时冷负荷

在图 5.36 中给出的是 6—8 月平均小时负荷，这三个月由采光造成的负荷较大，取平均值可以代表空调季节的负荷，负荷由通高大厅与 9 号线站台这两部分共同组成，可以看出负荷基本以 12 点处为分界线呈现对称分布，一天中清晨与傍晚的辐射量比较低，总负荷都在 200kW 以下，因为清晨太阳高度角较低，而且不能完全通过天窗照射入光谷广场地下一层，在 9—15 点负荷增加比较快，都在 300kW 以上，在中午 12 点时达到最大，负荷接近 500kW。可见在中午 11—13 点负荷比较大，有必要在中午采取遮阳措施。随着总负荷的提高，通高大厅与 9 号线站台负荷基本按比例相应增加，由于 9 号线站台处在条形采光带正下方，在中午时负荷相对较大。

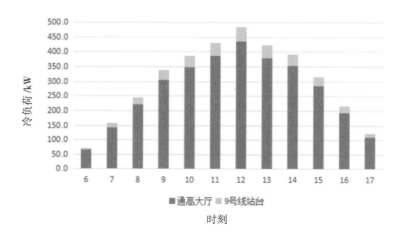

图 5.36 光谷广场地下一层 6-8 月平均小时负荷

图 5.37 与图 5.38 给出了地下一层通高大厅和 9 号线站台的逐时负荷情况。采光负荷受到季节与天气情况的影响，各天的情况差别较大，但总体看来冬季负荷相对于夏季较少，阴天比晴天的负荷小。对模拟结果分析，每天中午 11—14 点由采光引起的地下一层冷负荷较大，冬季中午地下一层负荷总体一般在 500kW 以下，过渡季在 800kW 以下，夏季在 1000kW 以下，5—9 月的晴天，中午时段的冷负荷普遍较大，增加了地下一层空调负担，考虑到中午光照强度大，采光情况相对较好，建议在中午采取适当遮阳措施，降低透过地面顶层的负荷，从而减小空调负荷，节约初期投资与运行成本。空调区计算冷负荷的方法是各分项冷负荷按各计算时刻累加，得出空调区冷负荷逐时值的时间序列，找出其中最大值作为空调区的计算冷负荷。

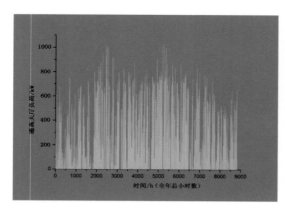

图 5.37 通高大厅逐时负荷（全年总小时数）

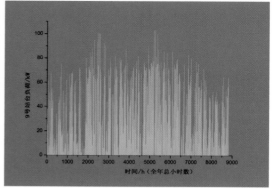

图 5.38 9 号线站台逐时负荷（全年总小时数）

根据上面的数据了解到，在中午时段由采光造成的负荷比较大，建议在夏季中午采取遮阳措施，为了更好地了解遮阳情况不同对负荷的影响，对不同遮阳系数下进入地下一层的负荷进行计算，选取日负荷最大 5 天与小时负荷最大的一天的中午 12 点进行分析（图 5.39）。

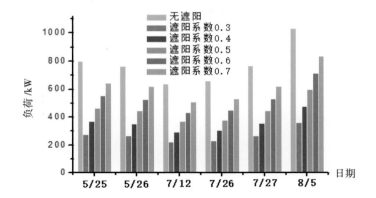

图 5.39 光谷广场地下一层中午 12 点
负荷

　　在没有遮阳措施条件下，六天的负荷普遍较大，当采取遮阳措施后负荷都有明显下降，8 月 5 日 12 点是一年中负荷最大的一个小时，达到 1029.6kW，当遮阳系数为 0.3 时，进入地下一层的负荷降为 355kW，大大降低了地下一层由采光引起的负荷，当遮阳系数为 0.7 时的负荷是 828.4kW，相比无遮阳情况，负荷减小了 200kW 左右。随着遮阳系数减小，负荷也逐渐减小，总体看来添加遮阳设施对减小夏季中午负荷有比较明显的效果。

　　季节不同，由采光天窗造成的负荷也较大差别，根据季节不同采取不同的遮阳措施。在冬季，室内温度较低，通过太阳辐射可以改善地下一层室内温度，采光对进入地下一层的热量是有利的，因此冬季天窗不设置遮阳措施。在夏季与过渡季期间，中午 11—14 点之间负荷比较大，在这段时间内采取必要的遮阳措施，在图 5.40（a）中给出的是夏季月份不同遮阳系数地下一层负荷情况。可以看到在这 5 个月中，每个月 11—14 点的总能耗都超过了 35000kW·h，考虑到中午时段负荷相对较大，首要目的是降低地下一层负荷，同时还要兼顾地下采光。为同时达到上述目的，在夏季选取遮阳系数为 0.5，五个月累计节能可达 105kW·h，而在过渡季节，中午时段负荷相对夏季来说小一些，因此在 3、4、10、11 月中选取遮阳系数为 0.7，4 个月累计节能 37570kW·h，根据计算可得，添加遮阳设施后全年累计节能 137570kW·h［图 5.40（b）］。全年中小时最大负荷为 1029kW，添加遮阳设施后负荷变为 515kW，可见在夏季与过渡季中午采取遮阳措施对降低地下一层负荷有比较明显的效果。

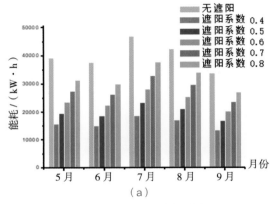

（a）

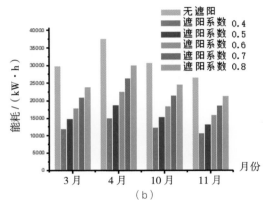

（b）

图 5.40 光谷广场地下一层夏季与过渡季能耗

地下一层气流组织模拟研究

光谷广场综合体体量大、结构复杂，多变的空间组合形式使地下一层上部有南北向的市政公路隧道和地铁车站横跨，下部有东西向的地铁区间及市政公路隧道贯穿。市政公路隧道及地铁区间对地下1层空调系统设计的影响，不但体现在结构复杂方面，而且隧道内温度的取值对空调负荷的影响也没有相关的标准与经验。架空站台层（9号线站台）屏蔽门系统的空调负荷在不同时段存在差异；当屏蔽门关闭时，其负荷由通过屏蔽门缝隙的渗透风负荷及屏蔽门本身的传热负荷组成；当屏蔽门开启时，其负荷又增加了站台和轨行区通过开启的门体间的对流换热负荷。地下一层空调负荷构成如图 5.41 所示。

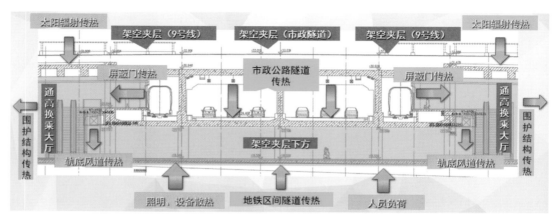

图 5.41 地下一层空调负荷构成示意图

综合考虑人员负荷、采光天窗太阳辐射、市政公路隧道传热、地铁区间隧道传热、屏蔽门传热及渗漏风负荷、围护结构传热、照明及设备发热、半开敞下沉庭院无组织渗透风等因素，根据负荷产生的位置将其纳入相应的空间中，得出光谷广场综合体地下一层逐时余热负荷，如图 5.42 所示。

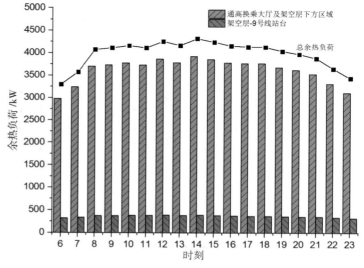

图 5.42 地下一层逐时余热负荷

1. 车站模型建立

为了优化既定设计方案，本书利用 Fluent 软件，根据建筑图纸对光谷广场综合体地下一层进行建模。综合体地下一层设计温度为 29℃，通过对空调负荷构成因素进行分析，80% 的负荷集中在地面，20% 的负荷位于侧壁和顶面。为简化边界条件，模拟时根据 8：2 的比例分配地面、侧壁及顶面的热流密度。

2. 模拟结果分析

① 公共换乘大厅（通高大厅及架空夹层下方）。

光谷广场综合体地下一层为直径 200m 的圆盘形高大空间，为保证装修效果，通高大厅内采用组合式空调器集中处理，通过旋流风口顶送风、机房集中侧回风的空调形式；旋流风口尺寸为 ϕ400mm，以圆心为中心，按间距 6m、7m、8m 在径向方向上成环状布置。架空夹层下方采用柜式空调器处理，通过球形喷口侧送风、机组直接回风的空调形式。球形喷口伸至吊顶下方，沿着架空夹层下方东西两侧边缘布置，喷口喉部尺寸为 ϕ200mm，靠近南北两端喷口间距为 9m，中段区域喷口间距为 4m，设计送风温度为 18℃，送风速度为 12m/s，喷射距离为 21m。

a. 旋流风口不同送风间距模拟。

考虑到通高大厅采用旋流风口顶送风的复杂性，模拟时先建立单个旋流风口模型，得出最佳送风参数（温度 18℃，速度 4.22m/s）；然后模拟 4 个典型旋流风口间距分别为 6m、7m、8m 时的工况，通过比选确定气流组织和经济性较好的方案；最后模拟得出公共换乘大厅内的最佳气流组织方案。

不同旋流风口间距下高度 1.5m 处的温度场及速度场如图 5.43 所示。可以看出：旋流风口间距为 8m 时，除风口下方区域温度在 25℃ 左右外，其他区域温度基本稳定在 26℃ 左右，风口之间的相互影响较小。风口间距为 7m 和 6m 时，整个区域的温度场相较于间距 8m 情况下低，风口下方区域温度在 25℃ 左右，送风相互影响严重，均向中心偏移；4 个风口下方由于速度较大，造成风口中心区域温度比四周低。总体看来，除风口下方小部分区域外，工作区的风速基本都在 0.3m/s 以下，可以满足送风要求。

旋流风口所在位置的立面温度场和速度场如图 5.44 所示。送风口下方温度均较低，非工作区域的上方温度普遍高一些；工作区内在距地面 0.1m 高度范围内由于受到地面影响，温度梯度偏大，而工作区内其他位置温度相对均匀，都可以保证在 26℃ 以下；而在非工作区域温度梯度稍大，温度也更高。风口间距为 6m 和 7m 时，送风轴心发生偏移，射流湍流横向脉动和卷吸作用，迫使空气与四周空气相互掺混，并发生了动量和热质交换，射流边界随着射程的增加而逐渐向外扩展，随着高度的下降，风速衰减较快，在工作区范围内，风速基本都能满足要求。风口下方及风口间区域的速度均比其他位置大，这是因为送风撞击地面后散开，气流在风口间地面区域相遇，相互挤压形成速度向上的回流。

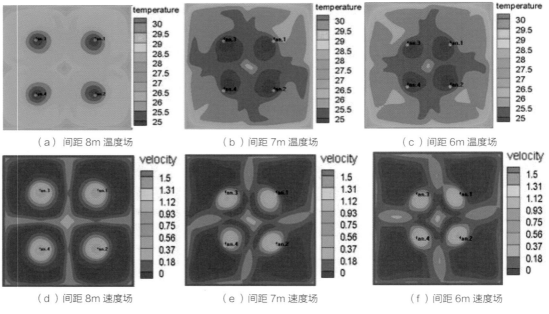

（a）间距 8m 温度场　　　　　（b）间距 7m 温度场　　　　　（c）间距 6m 温度场

（d）间距 8m 速度场　　　　　（e）间距 7m 速度场　　　　　（f）间距 6m 速度场

图 5.43　不同旋流风口间距下高度 1.5m 处温度场及速度场

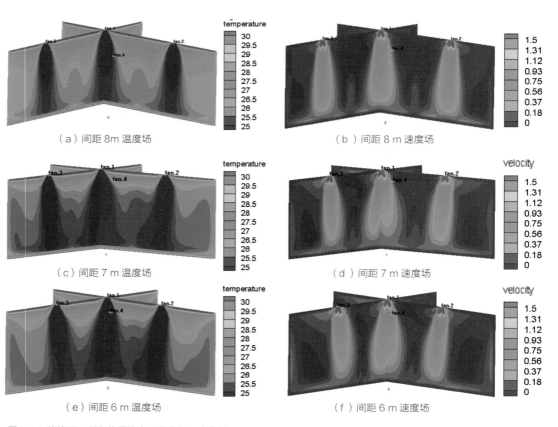

（a）间距 8m 温度场　　　　　　　　　　（b）间距 8 m 速度场

（c）间距 7 m 温度场　　　　　　　　　　（d）间距 7 m 速度场

（e）间距 6 m 温度场　　　　　　　　　　（f）间距 6 m 速度场

图 5.44　旋流风口所在位置的立面温度场及速度场

旋流风口不同间距下高度 1.5m 平面处的温度变化曲线如图 5.45 所示。图 5.45（a）中，旋流风口间距为 6m 和 7m 时，两风口中间位置的温度变化曲线基本相同，温度均为先下降后上升再下降，然后达到壁温；而风口间距为 8m 时则有很大不同，由于相互影响较小，所以在某些区域温度相对较高，出现了距壁面 1m 的区域温度上升的情况，除壁面以外，其他点的温度都要比另外两种工况高 0.5℃以上。图 5.45（b）中，由于风口间距不同，风口下方温度出现最低值的位置也不同，总体来看 3 种工况下温度趋势相同。而间距 8m 时，温度波动较大，这是因为风口间距较大，相互影响小，在风口作用范围外，温度增加较快。从图中可以看出，在相同风口间距下，风口中心位置的温度比两风口中间位置的温度低，最大温差达到 0.7℃。因此，在进行风口布置时，应尽量保证两风口间距不超过 8m，以保证达到良好的气流组织效果。

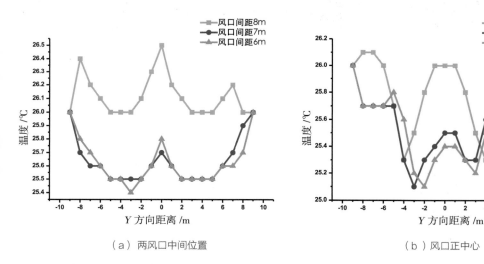

（a）两风口中间位置　　　　　　　　（b）风口正中心

图 5.45　旋流风口不同间距下高度 1.5m 平面处温度变化曲线

b. 公共换乘大厅（通高大厅及架空夹层下方）空调方案比选。

架空夹层下方中段区域风口密集，南北两端风口稀疏，风口密集区域的送风相互影响较大，形成一股射流，因此中段区域的送风长度更长；南北两端风口间隔较远，彼此互不影响，因此射流速度衰减较快，送风距离也相对较短，送风很难到达架空夹层下方的中心区域；而中段区域送风射流距离长，中心区域空气品质相对较好（图 5.46）。图 5.47 为架空夹层下方喷口处纵断面的速度矢量图。送风从喷口吹出后沿着架空夹层下底面向前运动，形成贴附射流，送风能到达架空夹层下方中间区域，但在送风口下方会有涡的出现，空气品质稍差。

公共换乘大厅（通高大厅及架空夹层下方）高度 1.5 m 处的速度场及温度场如图 5.48 所示。从图中可以看出：地下一层高度 1.5m 处架空夹层下方气流速度明显高于通高大厅处，而又以架空

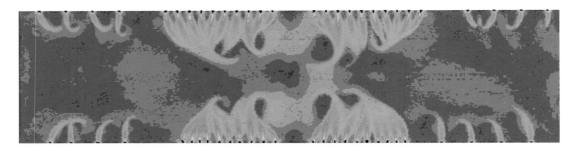

图 5.46 架空夹层下方喷口处横断面速度场

（南北两端喷口间距为 9m，中段区域喷口间距为 4m）

图 5.47 架空夹层下方喷口处纵断面速度矢量图

（南北两端喷口间距为 9m，中段区域喷口间距为 4m）

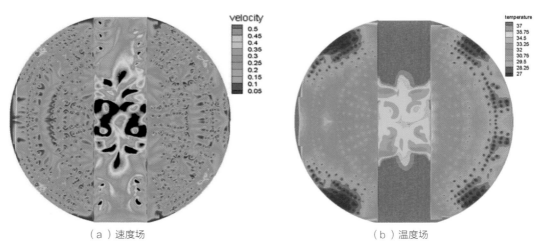

（a）速度场 （b）温度场

图 5.48 公共换乘大厅（通高大厅及架空夹层下方）高度 1.5m 处速度场及温度场

夹层下方中段区域速度最高，这是由于该区域球形喷口布置密集（喷口间距为 4m），间距较小，喷口间相互影响剧烈，形成一股射流吹出，射流速度衰减较慢，在该区域送风速度相对较高，能达到 0.8m/s；而在架空夹层下方南北两端风口稀疏（喷口间距为 9m），送风射流衰减较快，速度场相对比较均匀。高度 1.5m 平面内处，风口下方区域风速可达到 0.5m/s，送风速度未完全衰减，此高度处速度场偏高，但大部分区域速度均在 0.3m/s 以下，基本可以满足要求。

在通高大厅内，由于四周边壁处旋流风口布置较多，靠近中心区域旋流风口布置较稀少，风口布置较密区域温度场较好，温度可达到 27℃，风口稀疏区域送风相互影响较小，温度衰减较快，温度偏高，局部可达到 29℃左右；而环形天窗下方区域由于未设置送风口，该区域内的温度比周边高。同时，在架空夹层下方区域采用球形喷口送风，中段区域喷口间距 4m，南北两端喷口间距 9m，造成了在架空夹层下方中心区域温度场稍好，而在南北两端由于喷口间距较大，导致该区域内送风量不足，温度场偏高，没有达到很好的空调降温效果。为改善架空夹层下方南北两端区域内的空调效果，对架空夹层下方喷口间距进行调整，为了便于比较，喷口间距分别设置为 5m 和 6m（图 5.49）。

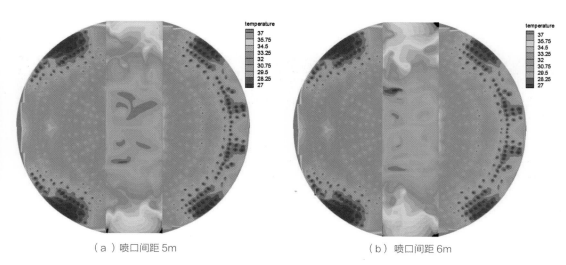

（a）喷口间距 5m　　　　　　　　　　　　　　　（b）喷口间距 6m

图 5.49　调整喷口间距后公共换乘大厅（通高大厅及架空夹层下方）高度 1.5m 处温度场

　　当架空夹层下方南北两端区域内喷口间距分别为 5m 与 6m 时，架空层下方中段区域的温度场均比较好，南北两端区域的温度场都有很大的改善。特别是间距为 5m 时，由于送风射流间相互影响更强，两端区域内的温度场更加均匀，温度场整体较间距 6m 时更低，优化设计后将架空夹层下方南北两端区域内喷口间距调整为 5m，以更好地满足公共换乘大厅内的热舒适性要求。

　　② 架空站台层。

　　架空站台层采用风机盘管通过散流器顶送风的空调形式，送风口尺寸为 500mm×500mm，送风温度为 18℃，为不影响站台层天窗采光，天窗下方采用侧送风。

　　架空站台层不同高度处的速度场及温度场如图 5.50 所示。可以看出：在高度 0.1m 处，大部分区域送风速度都在 0.3m/s 以下，不会造成吹风感，只有在小部分区域内由于风口之间相互影响，风速稍大，整体看来速度场比较均匀；在高度 0.5m 处，除风口下方区域气流速度较大外，其他区域风速都在 0.3m/s 以下；在呼吸区高度（1.5m）上，风口下方速度场偏高，某些区域会产生吹风感，除这些区域外，风速基本可满足要求。3 个不同高度处，温度场有相同之处，都为南北两端温度低、中间温度高，这是因为天窗处未设置送风装置，造成天窗周边区域温度偏高。在高度 0.1m 平面上，南北两端风口下方温度相对较低，大部分区域的温度都在30℃以下，仅在天窗下方区域温度略高；在呼吸区高度上，采光天窗正下方存在部分超过30℃的区域，由于人员在站台层候车时间较短，可基本满足乘客乘车舒适性要求。

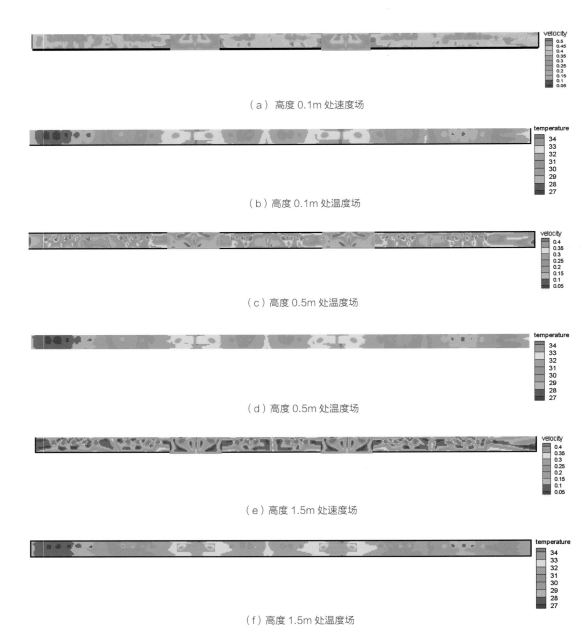

（a）高度0.1m处速度场

（b）高度0.1m处温度场

（c）高度0.5m处温度场

（d）高度0.5m处温度场

（e）高度1.5m处速度场

（f）高度1.5m处温度场

图5.50 架空站台层不同高度处的速度场及温度场

3. 结论

① 对地下一层局部区域内风口间距进行优化后，该工程通风空调设计方案除采光天窗下方区域外的速度场及温度场均可满足人员舒适性要求，气流组织合理有效，设计方案可行。

② 对于复杂全地下高大空间气流组织的研究，采用由点到面、从典型到整体的研究方法，既可节约模拟时间，又能保证结果合理；对于不规则空间，通过对空调负荷构成要素进行分析计算，模拟过程中根据各组成要素占比对热流密度进行分配，简化模拟边界条件，对于类似超大工程具有参考意义。

③ 通高大厅采用旋流风口顶送风，整个工作区域内送风速度分布均匀，除旋流风口正下方速度稍大外，其他区域气流速度均在 0.3m/s 以下；在旋流风口布置相对密集的外围区域，工作区内温度可以达到 27℃，而在中间风口布置稀疏区域，温度稍高，局部可达到 29℃左右；采光天窗下方由于未设送风口，温度场稍差。

④ 架空夹层下方采用球形喷口从两侧往中间送风，通过优化设计，将南北两端的喷口间距调整为 5m 后，架空夹层下方区域的温度场得到了很好的改善，温度场更加均匀，可满足该区域的热舒适性要求。

⑤ 架空站台层采用散流器顶送风，站台公共区内大部分区域的送风速度都在 0.3m/s 以下，温度基本保持在 29℃左右，达到设计要求。

Chapter 6
弱电系统与电扶梯

1 弱电系统概述

光谷广场综合体地铁为地下三层侧一岛及通道换乘轨道交通枢纽。其设置地下一层通高大厅，将 9 号线上抬至大厅上方夹层。地铁公共区包含地铁中央 90m 直径的换乘大厅和 45m 宽的非付费区通道；公共区周边结合 5 个下沉庭院布置 10m 宽的管理及设备用房。地下二层为 2 号线南延线区间、珞喻路隧道、换乘转换厅及 9、11 号线设备用房，转换厅建筑面积约为 9970m^2，空间净高大于 3600mm。地下三层为 11 号线光谷广场站站台层。圆盘建筑属于地铁部分建筑，圆盘建筑东、西侧为物业开发区域。

光谷综合体内包括了地铁、物业两个部分，两个部分的弱电系统相互独立又互联互通。武汉地铁集团有限公司将光谷综合体的通信系统、综合监控系统、火灾自动报警系统、环境与设备监控系统、门禁系统的相关设计工作分为两部分，分别由铁四院和北京城建设计研究院有限公司进行设计。其中铁四院负责光谷综合体地下一层夹层、地下一层、地下二层的通信 FAS、BAS 系统的设计工作，北京城建设计研究院有限公司负责地下三层 FAS、BAS 系统的设计以及光谷综合体整体的综合监控系统、门禁系统的设计工作（不含物业开发区域）。

光谷综合体与 11 号线东段二期工程的光谷广场站按整体进行考虑，设置 1 套通信系统，主要包括专用通信系统和公安通信系统；设置 1 套综合监控系统，通过在车站集成 BAS 系统，界面集成 FAS、PA、PIS、CCTV、PSD、门禁、AFC 等系统，实现对整个光谷综合体内相关机电设备、系统的监控管理（不含物业开发区域）。

车站级 FAS 系统由设在车站控制室的火灾报警控制器（联动型）通过环形总线方式与现场的各类火灾探测器、手动火灾报警按钮、警铃、输入输出模块等设备组成火灾自动报警监控网络，负责监视车站和与车站相邻各半个区间的火灾设备的运行状态、接收火灾报警信息。由设在车站控制室的消防电话主机通过与电话插孔、消防电话分机组成消防电话网络。

光谷综合体 FAS 系统分为两个分别独立的 FAS 系统进行设计，其中东、西区物业开发区域设置 1 套 FAS 系统，地铁相关范围按一套整体的系统进行招标，分期进行实施，先期实施由铁四院负责设计的地下一层夹层、地下一层、地下二层 FAS，并先期投入使用，后续待 11 号线东段二期工程实施时，再将地下三层的 FAS 相关设施接入车站控制室的车站级 FAS 主机，最终实现地铁车站范围 FAS 系统整体的监控管理。光谷综合体地铁范围的 FAS 系统与物业开发区域的 FAS 系统之间通过接口实现信息的互联互通。

车站级 BAS 系统在车站两端设置 BAS 冗余 PLC 控制器，同时车站控制层 BAS 两端的 PLC 机柜内各配置 2 台光纤交换机，IBP 盘内的小型 PLC 配置 1 台交换机，自身组建 BAS 控制层光纤单环网。现场每个模块箱处均配置 1 台现场交换机，冗余 PLC 与本端各现场模块箱内交换机通过光纤相连组成现场级单环光纤以太网。模块箱内的远程 I/O 模块接入各自模块箱内的交换机。

光谷综合体 BAS 系统分为两个独立的子系统进行设计，其中东、西区物业开发区域设置 1 套

BAS 系统，地铁相关范围按一套整体的系统进行招标，分期进行实施，先期实施由铁四院负责设计的地下一层夹层、地下一层、地下二层 BAS，并先期投入使用，后续待 11 号线东段二期工程实施时，再将地下三层的 BAS 相关设施接入环控电控室内的冗余 PLC，最终实现地铁车站范围 BAS 系统整体的监控管理。

车站级门禁系统根据光谷综合体的门禁点数量，配置 3 台门禁控制器（每个门禁控制器最多管理 31 个就地控制器）。门禁控制器设置在通信设备室内。门禁主控制器通过自身系统总线将车站级的门禁就地控制器联网构成环形网络，确保不因单点故障影响整个门禁系统的正常工作。

每个门禁主控制器能驱动多条总线，与就地控制器之间采用环形总线连接，读卡器、电磁锁等就地级设备都分别接到就地控制器，构成车站级门禁系统。同时门禁控制器均提供标准的、开放的以太网接口接入设备室内设置的门禁交换机，交换机通过以太网口接至通信专业的全线传输网络。

光谷综合体整体按一套 ACS 系统进行设置，ACS 系统负责地铁范围的相关门禁点的监控和管理，光谷综合体内物业开发区域不考虑设置门禁系统。系统进行一次性招标，分期实施，先期实施地下一层夹层、地下一层、地下二层 BAS，并先期投入使用，后续待 11 号线东段二期工程实施时，再将地下三层的相关门禁点接入门禁控制器，最终实现地铁车站范围 ACS 系统整体的监控管理。

2 通信系统

光谷综合体通信系统主要包括专用通信系统和公安通信系统。

专用通信系统

1. 传输系统

传输系统采用由中兴通讯股份有限公司生产的 MSTP+PTN 传输设备。

在光谷综合体新设一套 622Mbps MSTP 设备和一套 10Gbps PTN 设备，新设传输设备加入既有 11 号线一期工程传输保护环，以满足本工程接入需要，并在光谷控制中心通过既有 11 号线一期工程建立的与上层网的通道实现与其他各条线的信息传输。同时，本工程对既有 11 号线一期工程传输系统网管设备进行软件扩容以实现对本工程新设设备的集中维护管理。

传输系统利用本工程新敷设的光谷综合体、2 号线南延线珞雄路站之间的光缆以及既有 11 号线一期工程已敷设的光谷火车站和光谷控制中心之间的干线光缆组网。

2. 无线通信系统

无线通信系统采用 800MHz 频段的 TETRA 数字集群调度系统，采用 AIRBUS 公司的 TETRA 设备。

无线通信系统接入既有 11 号线一期光谷控制中心，对既有 11 号线一期移动交换控制中心设备、网络维护管理设备、调度台进行扩容；光谷综合体组网采用全基站小区制方式，光谷综合体的车站设置 TETRA 两载频基站设备，该基站通过传输系统提供的 FE 链路与 11 号线一期控制中心既有移动交换控制中心设备相连。

车站的站厅、设备区、出入口采用天线的方式进行覆盖。

3. 公务电话系统

公务电话系统采用河北远东通信系统工程有限公司生产的设备。既有 11 号线一期工程已在光谷控制中心设置一套 IXP3000/LX9216 数字程控交换机和网络管理系统、计费系统等设备，并为后续线路预留接入条件。本工程共用该交换中心设备并对程控交换机进行扩容，对既有网管系统和计费系统进行软件扩容，以实现对本工程新设设备的集中维护管理和统一计费。

在光谷综合体设置一套 IXP3-RM 远端模块，车站远端模块通过 1 个 E1 通道与光谷控制中心数字程控交换机互连。

4. 专用电话系统

专用电话系统采用河北远东通信系统工程有限公司设备。本工程在光谷控制中心利用既有 11 号线一期工程设置的 IXP3000/1024 数字调度交换机并扩容，在光谷综合体配置一台 IXP3000/512 数字调度交换机，单独组成一个 2M 数字环接入光谷控制中心数字调度交换机。

在光谷控制中心利用 11 号线一期工程设置的网络管理系统并进行软件扩容，车站专用电话系统设备通过传输系统提供的以太网通道将设备管理维护信息上传至网管设备。

在光谷控制中心调度大厅利用既有 11 号线一期工程设置的调度台并扩容。在光谷综合体设置操作台和各种调度电话分机，接入本站专用电话分系统交换机，实现中心对车站的各种调度电话功能；相邻车站操作台通过上下行呼叫按键实现站间电话功能；在车站相关处所设置站内调度电话分机，站内电话分机通过音频电缆接入本站专用电话分系统交换机，实现与车站操作台的站内电话功能。

在车站设置视频召援系统，由视频召援主机、视频召援服务器、视频召援电源转换设备、视频召援操作台和视频召援求助终端等设备构成，组成星形连接系统，实现乘客在紧急情况下与车控室值班员的视频对讲功能。

5. 视频监视系统

视频监视系统采用北京市警视达机电设备研究所公司集成的设备，系统由浙江宇视科技有限公司的摄像机、存储设备、服务器、监视器和高清视频解码器，新华三技术有限公司的交换机等设备组成。

在光谷控制中心利用 11 号线一期工程设置的视频监视系统设备并扩容，完成本工程管辖范围内的视频信号的监视。同时利用 11 号线一期工程设置的网管设备并扩容，实现对本工程新设设备的集中维护管理。

车站视频监视系统主要完成对本站乘客上下车、自动售检票、进出口闸机、自动扶梯、电梯等情况的监视。车站视频监视系统设备包括高清网络摄像机、光纤收发器、高清视频监视终端、高清网络视频解码器、网络视频存储系统、车站视频服务器、车站数据管理服务器、车站前端接入交换机、车站交换机等。

车站高清网络摄像机输出的高清视频信号，通过光纤传送至车站交换机及存储设备，实现车站值班员对本站范围内图像的监视和司机对站台范围内图像的监视；区间风井的监视图像通过光纤传送到光谷综合体交换机及存储设备，实现车站值班员对该范围内图像的监视；通信系统提供垂直电梯内摄像机并负责敷设光缆至电梯控制箱，电梯专业负责安装摄像机和光纤收发器，通信专业负责敷设视频线至电梯控制柜，电梯摄像机输出的高清图像传送至车站交换机及存储设备，实现车站值班员对垂直电梯范围内图像的监视；车站再传送至控制中心视频处理设备，实现中心值班员对全线范围内图像的监视。

6. 广播系统

广播系统采用天津北海通信技术有限公司设备。在光谷控制中心利用既有 11 号线一期工程设置的广播系统设备和网管系统设备并扩容。

光谷综合体设置车站广播系统，由设置在通信设备室内的广播控制机柜（含数字广播控制器、功率放大器、电源监测器和交换机等）、设置在车控室的后备广播控制盒和前级及话筒、设置在车站内的扬声器和噪声探测器等设备组成。车站广播系统与专用无线通信系统车站固定台有接口，车站值班员可利用便携台实现站台无线广播功能。

广播系统利用传输系统提供的以太网通道实现控制中心与车站间的信息传输。

广播系统的行车、防灾广播控制台由综合监控系统进行界面集成，通过综合监控系统工作站实现广播功能。

7. 乘客信息系统

乘客信息系统主要分为线网播控中心子系统、线路播控中心子系统、车站播控子系统、车载播控子系统、网络子系统。其中线网播控子系统已由既有 4 号线工程实施，不在本工程范围内。乘客信息系统由线路播控中心子系统经传输网络接收信息并转发各类数据至车站。由车站对信息进行筛选、播控。

线路播控中心子系统已由 11 号线一期工程建成，本工程对线路播控中心子系统进行扩容，新建车站播控子系统接入既有中心子系统。

网络子系统分为有线网络、车 - 地无线网络两个部分。有线网络为车站、控制中心提供各种数据信息、视频信息和控制信息的传输；车-地无线网络子系统采用武汉烽火通信科技股份有限公司提供的车载以及轨旁无线收发设备，系统采用 5.8GHz 频段。一期工程在光谷控制中心设置核心交换机，并完成轨道交通 11 号线一期工程全部正线区间覆盖。本工程接入 11 号线一期中心设置的核心交换机，并完成光谷综合体工程全部正线区间覆盖。

车站子系统采用新华三通信技术有限公司及深圳英龙华通科技发展有限公司提供的车站数据服务器、车站交换机、播放控制设备以及站厅、站台、出入口各终端设备（包括 LCD 屏和 LED 屏）；车站子系统的播控设备将车站交换机从线路控制中心接收的信息内容通过车站所有终端进行播放，并实现统一的控制和管理。

8. 时钟系统

既有 11 号线一期工程在光谷控制中心设置一级母钟，一级母钟通过传输系统的以太网接口与一期工程沿线各站的二级母钟通信，发送一级母钟的标准时间信号。在控制中心，网接口和 RS422 接口两种方式为其他通信各子系统提供统一的时间信号，使各子系统设备与时钟系统同步，从而实现轨道交通 11 号线全线执行统一的时间标准。控制中心一级母钟实时向其他需要统一时间的子系统发送全时标时间信号，接口方式有以太网接口和 RS422 接口两种。

本工程对一级母钟及网管设备进行软件扩容，并共享 11 号线一期工程在控制中心与本线行车相关部门各办公室及通信网管室等处设置室内单面壁挂式数显式子钟。

在光谷综合体设置二级母钟设备和子钟。其中二级母钟设于通信设备室内，用于接收一级母钟的校时信号，驱动本站的子钟，并为其他系统提供标准时钟接口。

车站子钟设置于车站控制室、警务室、站长室、交接班室、票务室、信号值班室、站厅公共区域等处。

9. 信息网络系统

武汉市轨道交通 11 号线一期工程已在光谷控制中心设置核心交换机，核心交换机通过光纤与光谷控制中心信息网络中心机房既有综合办公网络平台设备互连，满足本工程用户接入武汉地铁综合办公网络需求，本工程不再设置核心交换机设备。对 11 号线一期工程光谷控制中心设置的核心交换机进行软件扩容，实现本工程内信息网络用户的无缝接入。

对 11 号线一期设置的网管系统进行软件扩容，满足本工程网络管理需要。

在光谷综合体设置车站交换机，车站交换机通过传输系统提供的千兆以太网通道与光谷控制中心核心交换机互联，满足车站用户接入需求。

10. 集中录音系统

既有 11 号线一期工程已在光谷控制中心配置两台 48 路 ET Log8016 主备热双机运行冗余数字

录音系统和录音网管服务器、录音数据存储磁盘阵列等设备。本工程共用控制中心既有设备，对既有录音数据存储磁盘阵列进行扩容，对既有录音网管服务器、录音网管及查询终端进行软件扩容。

光谷综合体配备两台 16 路 ET Log8016 主备热双机运行冗余数字录音系统对车站所有公务电话、专用电话和广播、无线进行集中录音。在车站车控室、交接班室分别设置 1 台 ET Touch-M 工作交接现场录音装置，用于重要岗位工作交接、派工现场录音。

11. 电源系统及接地

11 号线一期工程在控制中心通信网管室设置电源网管设备 1 套，负责全线电源系统设备的管理，电源网管系统同时输出告警信息至集中告警系统。

电源系统由艾默生电气（深圳）有限公司的 UPS、广州海志电源设备有限公司的蓄电池、广东鼎汉电气技术有限公司的交流配电屏 / 配电箱、大连科海测控技术有限公司的电源集中监控系统等组成。

设在车站的电源系统统一为专用通信系统、乘客信息系统、公安通信系统、ISCS 系统、ACS 系统、AFC 系统提供电源。AFC 系统前端设备后备时间为 0.5h，机房设备后备时间为 1h，乘客信息系统、公安通信系统、ISCS 系统、ACS 系统后备时间为 1h，专用通信系统后备时间为 2h。本工程接入既有 11 号线一期工程电源网管系统，并完成相关扩容工作。

采用综合接地方式，通信各子系统设备接地线引自通信设备室和信电源室内的接地端子排（低压配电专业提供）。

公安通信系统

1. 公安视频监视系统

公安视频监视系统由本地监视、异地监视（轨道交通管理分局监视全线、派出所监视辖区）两部分组成。

本工程公安通信与专用通信共用专用通信视频监视系统，即车站范围内的图像摄取、图像处理及存储、视频信号传输等功能均由专用通信视频监视系统实现。

2. 公安 / 消防无线通信系统

公安 / 消防无线通信系统采用与既有武汉市公安（消防）无线通信指挥调度系统一致的技术和体制，采用 350MHz PDT 数字集群通信 +350MHz 常规无线通信系统，与地面现有系统设备兼容，使用 350MHz 公安和消防无线频点。系统采用广州维德通信公司的设备组网。

3. 公安通信计算机网络系统

公安通信计算机网络系统为本工程的网络通信、无线通信提供数字传输平台。

3 FAS / BAS

火灾报警系统

1. 概述

光谷综合体地铁部分的 FAS 作为 11 号线的一个站点，待 11 号线通车时，可通过通信提供的光纤纳入 11 号线全线网络。东、西区物业 FAS 独立配置，单独设置消防控制室，不纳入全线网络，与光谷广场综合体车站部分的 FAS 设有接口，以互通灾情。市政隧道部分 FAS 独立配置，由市政院设计，与光谷广场综合体车站部分的 FAS 设有接口，以互通灾情。

火灾自动报警系统 FAS 及机电设备监控系统 BAS 是两个相对独立的系统，这两个系统在不同的工况下能协调工作，并能对各自系统内的设备进行控制、检测和报警，从而确保整个系统的可靠性（图 6.1、图 6.2）。

2. 系统设计方案

FAS 系统由中央级设备、车站级设备、全线网络设备、维修工作站、车站级网络设备、现场级设备组成。FAS 系统独立组网，传输光纤由通信专业提供。采用具有多重优先令牌传递访问方式。FAS 系统的管理工作站和各车站级 FACP 盘分别是网络上的一个节点，各节点均为同层网络。

光谷广场综合体 FAS 负责报警和专用消防设备（包括专用防排烟风机、消防水泵、防火卷帘门、排烟天窗等）的控制，火灾时 BAS 接收 FAS 指令，将正常运营模式转换为火灾模式。FAS 与BAS 被监控的基础设施大部分相同，BAS 在正常运营情况下使用，执行环控正常运行工况，而在火灾事故时使用，执行防救灾运行工况。发生火灾时，火灾报警控制器通过串行通信接口以单方向传输方式将火灾报警信号和模式指令传递给 BAS 的 PLC 控制器。BAS 根据火灾模式指令将正常模式转换成火灾模式。

3. FAS 系统的设备配置

FAS 在光谷广场综合体地铁部分车控室设 2 套 FACP 及各种现场设备。FACP 提供两个接口与ISCS 交换机相连，同时提供 2 个接口与通信系统交换机相连。设在车站控制室的火灾报警控制器（联动型）通过环型总线方式与现场的火灾探测器、手动火灾报警按钮、感温电缆、输入输出模块等各种现场报警、监控设备联网组成车站级 FAS，负责监视光谷广场综合体车站的部分火灾设备的运行状态、接收火灾报警信息。由设在车站控制室的消防专用电话主机通过与电话插孔、消防电话分机组成消防电话网络。地下二层板下变电所电缆夹层采用缆式线型感温探测器保护。

两侧物业开发 FAS 独立设置，在消防控制室各设置火灾自动报警控制器，根据物业开发区域实际用途设置适合的探测器设备，系统方案与车站级 FAS 一致，物业开发 FAS 与车站 FAS 设置信息互通的设备，在分界处采用模块互传信息，同时，车站控制室与运物业开发消防控制室之间设置消防电话分机。物业开发区域内的商铺及设备、办公用房（设超细干粉自动灭火用房、水泵房、卫生间除外）、值班室、会议室、工具材料库房等处设点型智能感烟探测器。

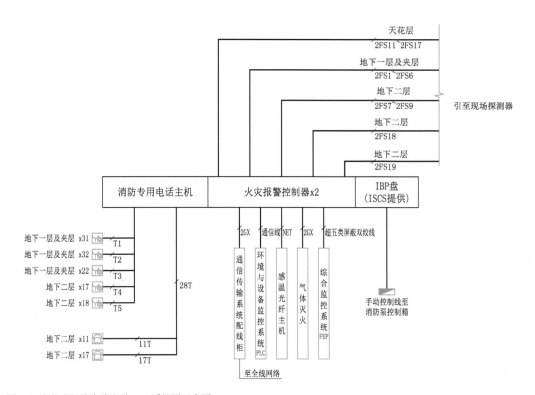

图 6.1 光谷广场综合体车站 FAS 系统图示意图

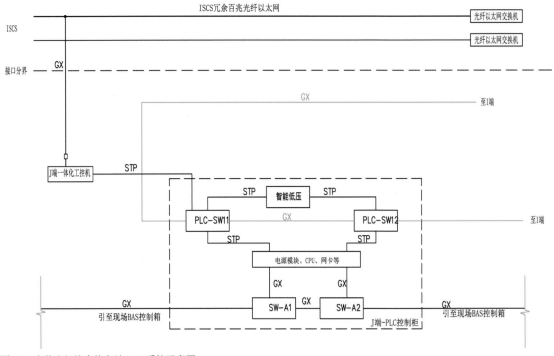

图 6.2 光谷广场综合体车站 BAS 系统示意图

4. 设计重点及难点

① 换乘大厅火灾报警探测器的设备选型及布置方案优化。

光谷综合体地下一层为穹顶，最高处超过12m，大厅中构件和设施较多，顶板结构梁系复杂，且大厅吊顶镂空率不尽相同，以上种种因素都会对快速检测发生火灾造成较大困难。

武汉地铁公共区常规火灾报警探测器方案为仅布置点型感烟火灾探测器，考虑光谷广场综合体换乘大厅特殊情况，不适宜采用这种方案。为了保证人员疏散时间，及时高效地检测到火灾报警信号，根据大厅的各部分建筑特点定制火灾报警探测器布置方案。首次在地铁车站公共区采用极早期火灾报警器附加毛细管及烟雾探测器复合布置的方案，解决了高大复杂空间火灾报警信号采集难题。综合体天花板布置了较大面积排烟天窗，设置常规探测器无法保证保护区全面覆盖天窗区域，首次在地铁车站使用极早期附带毛细管布置方案，在排烟天窗钢结构内布置极早期管，并通过毛细管伸出钢结构，以达到快速检测火灾的目的。在净空大于12m处，采用极早期及毛细管布置方案，由于结构梁突出顶棚的高度大于600mm，在布置探头时，被梁隔断的每个梁间区域至少设置一个探测器，当被梁隔断的每个梁间区域面积超过一个探测器的保护面积时，根据面积设置多个探测器。由于整个大厅吊顶天花镂空率不同，根据吊顶镂空率，分区域精细化设计方案：镂空面积与总面积的比例不大于15%时，探测器应设置在吊顶下方；镂空面积与总面积的比例为15%～30%时，探测器在吊顶上方及吊顶下方同时设置；镂空面积与总面积的比例大于30%时，探测器应设置在吊顶上方。此外，镂空率小于30%的地方，布置双层探头。

② 排烟天窗的控制。

为便于在排烟及通风换气模式下控制天窗，在车控室内设置排烟天窗手动控制器，将排烟天窗纳入火灾报警系统并集成于综合监控系统，以实现自动控制，在火灾时可自动打开天窗，在固定时段需开启天窗换气时也可通过综合监控系统下发开窗指令。

环境与设备监控系统

1. 概述

机电设备监控系统对车站、物业的机电设备进行控制和监测，以创造舒适、安全、可靠的乘车环境。特别是在车站发生火灾的情况下与火灾报警系统FAS密切配合，使有关救灾设施按照设计的工况运行，保障人身安全。

综合车站部分及东西物业部分各设置BAS，BAS工作站设于消防控制室。BAS网络采用分层分布式结构，在地铁部分及物业开发区环控电控室内设一套冗余的PLC控制器，冗余PLC控制器每个机架分别配置2个10M/100M以太网口与工作站接口。

2. 系统设计方案

本线工程BAS集成到ISCS中，系统的中央级及车站级监控功能由ISCS实现，BAS作为综合监控系统中的一个子系统存在，通过各级的有机配合，最终实现BAS的整体功能。

BAS 车站级网络采用分层分布式结构，由 PLC 控制设备、现场各种传感器、UPS 电源及传输网络等组成。车站配置与综合监控系统、FAS 等系统的接口。FAS 与 BAS 设置可靠的接口，FAS 向 BAS 传送火灾模式指令，BAS 根据火灾模式指令启动对应的模式，实现关联设备的运行，保证灾害情况下的通风设备的正常运行。

在正常情况下，BAS 可对车站内的通风、空调、给排水、照明等系统设备进行监视和控制，对自动扶梯、电梯等设备进行监视，不对垂直电梯和自动扶梯进行控制，通过人工到现场进行手动操控；可对设备各种参数进行存储和管理，对设备的故障进行报警。BAS 可监测综合体内温度、湿度、二氧化碳浓度等环境参数以及综合体外大气温湿度的检测。

在火灾工况下，正常工况及火灾工况兼用的设备由 BAS 进行监控，BAS 接收 FAS 命令进行消防联动，并配合 ISCS 进行应急联动。

车站大、小系统的排烟风机与已开通线路控制方式保持一致，纳入智能低压进行控制，BAS 通过与智能低压的通信接口实现对排烟风机的自动控制功能。同时，在车站大、小系统的排烟风机、加压送风机在 IBP 盘上设置独立控制风机启停的按钮以及风机运行状态指示灯。

3. 系统设备配置

BAS 在综合体圆盘内两端环控电控室内各设一套冗余的 PLC 控制器，在车站控制室 IBP 盘设置一套非冗余 PLC 控制器，以靠近车站控制室一端的 PLC 为主控制器，另外一端的 PLC 为从控制器，两端 PLC 和 IBP 盘内的 PLC 通过光缆组成光纤以太网环网。主控制器与车站级 ISCS 系统交换机采用以太网连接。两端 PLC 下设置现场级光纤工业以太环网将各类 RI/O、具有智能通信口的现场设备和就地现场小型控制器等设备统一接入，分别对综合体内的机电设备（暖通空调、电扶梯、低压照明、给排水等正常和火灾情况下共用设备）进行监控管理。现场级光纤自愈以太网环网与 BAS 系统 PLC 之间光纤自愈以太网环网独立分开。

综合体 BAS 设备由控制器、IBP 盘远程 I/O、各种通信转换接口、智能低压控制模块、现场总线、现场控制箱、UPS 电源、传感器和各种二通流量调节阀组成。

4. 设计重点及难点

光谷综合体内地下三层 11 号线光谷广场站与综合体不同期开通，且地下二层部分设备用房也分近期开通和远期开通。BAS 作为整个系统，不同期开通区域之间的衔接就显得尤为重要。出于便于管理及节约投资的目的，待光谷广场站开通时，与综合体共用 PLC，现场仅设置各类 RI/O、具有智能通信口的现场设备和现场小型控制器等设备，不再考虑设置 PLC。地下二层走廊内桥架及设备均在本期工程完成，预留远期房间所需桥架空间，便于远期开通房间使用。为避免出现不同厂家品牌不兼容的问题，在招标阶段，就将光谷综合体 BAS 纳入 11 号线招标，待光谷广场站开通时，综合体内 BAS 系统即为完整系统，集成至车控室的综合监控终端，方便运营及管理，同时也节省了投资。

4 电扶梯

电扶梯概况

自动扶梯作为一种重要的客运设备，是乘客疏散的主要大运载工具，极大地提高了综合体的集散效率，满足了地面至站厅、站厅至站台不同标高间乘客的乘降需要，改善了乘客乘车条件，提升了乘车舒适度。

垂直电梯主要体现以人为本的设计理念，满足无障碍设施的设置需求，供残疾人和行动不便人士乘降使用，同时兼顾乘客携带大尺寸重行李的出行需求。

本项目公共区域共设置自动扶梯 62 台，垂直电梯 23 台。

自动扶梯主要技术特点

1. 主要设计原则

① 自动扶梯采用变频系统，能实现节能运行。

② 自动扶梯的载重条件：在任何 3 个小时内，持续重载时间不少于 1 个小时，其载荷达到 100% 制动载荷，其余 2 个小时载荷为 60% 的制动载荷。

③ 自动扶梯分为室内型和室外型，车站内一般选用室内型，出入口选用室外型。

④ 车站设计在验算紧急情况下疏散能力时，不应将运行方向与疏散方向相反的扶梯纳入疏散计算。当参与车站紧急疏散的扶梯故障检修时，需要相应数量的非疏散方向的扶梯反方向运行，保证车站的紧急疏散能力。

⑤ 自动扶梯的踏步面到顶部的建筑物装修完成面垂直净空高度根据不同城市特点要求不同，一般要求不小于 2500mm。

⑥ 自动扶梯穿过楼板处，沿洞口设置高度大于等于 1200mm 的通透栏杆或透明栏板。洞口边缘或柱子边缘与扶手带外缘的水平距离小于 400mm 时，应在扶手带上方设置一个无锐利边缘的垂直防护挡板，以保证乘客安全。栏杆与侧包板距离不得大于 120mm。

⑦ 自动扶梯上、下水平段扶手带端部应有不小于 2.5m 的疏散区域。

⑧ 自动扶梯与楼梯并列布置时，楼梯上端部行人扶手应与自动扶梯扶手带相接，即上端部第一个楼梯梯级边与扶梯上工作点距离必须小于 2.65m。

⑨ 为确保乘客安全，自动扶梯上、下端部各设有 4 个水平梯级，每个水平梯级长度不小于 1.6m。

⑩ 扶梯下部机坑内不得积水。优先考虑自流排水，无自流排水条件时，自动扶梯机坑外设集水井，机坑和集水井分开，中间用排水管相连。

⑪ 自动扶梯设有可靠电源，站内自动扶梯、出入口提升高度大于 10m 的自动扶梯以及有疏散

要求的自动扶梯均采用一级负荷，其他采用二级负荷。

⑫ 室外型自动扶梯上、下地板均应有锁闭机构，能可靠防止非工作人员打开上、下机房地板。

⑬ 为适应城市冬季的室外温度环境，室外型自动扶梯设置上、下机舱 - 梳齿板加热装置。

⑭ 自动扶梯应适合相应地区的自然环境条件和车站环境条件。

⑮ 站厅至站台间的电梯原则上设置在付费区。

⑯ 中间支撑的设置：扶梯提升高度 $H < 5.5m$ 时不设中间支撑；扶梯提升高度 $5.5m \leq H < 12m$ 时设一个中间支撑；$12m \leq H < 15m$ 时设 2 个中间支撑；$H > 15m$ 时暂设 3 个中间支撑，均匀布置。

2. 自动扶梯技术参数

自动扶梯技术参数见表 6.1。

表 6.1 自动扶梯技术参数

序号	主要技术参数	
1	梯级宽度	1000mm
2	倾斜角度	30°，27.3°
3	水平梯级数量	上、下各四块（水平长度不小于 1.6m）
4	额定运行速度	0.5m/s、0.65m/s 两挡可调
5	检修速度	0.1 ~ 0.13m/s
6	最大输送能力	7300 人 / 小时
7	节能速度	0.13 ~ 0.26m/s 当自动扶梯上无乘客时，自动转入节能速度；在乘客乘梯前，自动感应，切换到额定速度
8	上、下导轨转弯半径	提升高度≤ 10m 时，上导轨转弯半径≥ 2600mm，下导轨转弯半径≥ 2000mm；提升高度＞ 10m 时，上导轨转弯半径≥ 3600mm，下导轨转弯半径≥ 2000mm

垂直电梯主要技术特点

1. 主要设计原则

① 电梯采用永磁同步无齿轮电机驱动的无机房电梯。

② 电梯每天连续运行 20 小时，每周运行 140 小时，每年运行 365（366）天。每小时启动运行次数不小于 150 次。

③ 电梯应性能安全可靠，整机质量经久耐用，结构及零部件应具有足够的强度和刚度及互换性，易于调整和维修。

④ 正常情况下，电梯均采用现场控制的管理方式，设备运行状态由环境与设备监控系统 BAS 收集并集中显示。紧急情况下，在接收到火灾报警系统 FAS 的火灾报警信号后可按预设的消防模式进行动作。

⑤ 电梯设置位置应方便使用轮椅的人进、出站，出入口电梯尽量配置在客流大的出入口。

⑥ 电梯的设置应保证使用轮椅的乘客可通过电梯直接由地面进入车站内。站台－站厅层及出入口设置电梯，原则上保证每个车站站台至少有一条无障碍通道供残障人士使用。

⑦ 垂直电梯操作面板和内装饰应满足残障人士使用要求，轿厢内设置五方对讲机和监视摄像头。

⑧ 结合综合体人流特点，公共交通区域、市政通道等电梯额定载荷为 1600kg，物业区域采用 1000kg。

⑨ 电梯应具有轿厢内、轿顶、底坑、车站电梯控制柜、车站控制室之间的五方通话功能。电梯具有语音报站功能。

⑩ 根据建筑需求，本工程公共区域电梯为普通乘客电梯，不参与消防疏散，电梯采用二级负荷供电。部分物业区域电梯为消防电梯，采用一级负荷。

⑪ 电梯具有如下安全保护功能：超速保护功能、撞底保护功能、错／断相保护装置、超载保护功能、应急通信装置、停电再平层功能。设备的安全保护装置应符合有关规范和标准的要求。

2. 垂直电梯技术参数

垂直电梯技术参数见表 6.2。

表 6.2 垂直电梯技术参数

序号		主要技术参数
1	额定载重量	1000kg（13 人）、1600 kg（21 人）
2	提升速度	1m/s
3	操作方式	单台集选控制
4	负荷等级	二级
5	轿厢内最小净尺寸（宽×深）	1600mm×1400mm、1950mm×1700mm
6	厅门及轿厢门	中分两扇封闭自动门
7	开门尺寸（宽×高）	1000mm×2100mm、1100mm×2100mm
8	电气控制类型	微机控制
9	速度控制方式	主机及门机均采用变频调速控制
10	平层准确度	−3～3mm
11	速度偏差	−3%～3%

旅客提升设备多维度健康监测装置及健康管理系统研究

作为城市轨道交通运载及疏散乘客关键设备，同时也是特种设备，旅客提升设备直接关系铁路运营安全和服务质量。本工程的超大体量和庞大客流，给自动扶梯与电梯的运营管理带来巨大挑战。

① 运行工况复杂、故障种类多、事故易扩大且难防控；

② 数量多、分布广、工期紧、全过程信息易脱节；

③ 设备庞大非标准，现场运输、安装接口交叉干涉。

为解决上述问题，项目课题组确立运维安全、设计高效、建造流畅的目标，运用分布式主动规则知识体系贯穿全寿命，解决基于健康状态评测模型的预防性维修、全过程信息一致的跨平台BIM设计方法、BIM模型及信息自动仿真计算的建造模拟等难题，形成旅客提升设备安全、高效、流畅的全寿命集成设计系统。

1. 首创全寿命数字化设计系统，发明多目标优化模型及算法，实现一键三维成图、二维/三维跨平台无缝转换，设计周期缩短1/3、效率提高10倍，达到国际领先水平

针对光谷综合体多线换乘车站、地下多层结构、多段提升通道的车站类型，分别提取其扶梯施工图下基坑位置、提升高度、井道水平投影长、上平段长度、下平段长度、扶梯倾角、下机坑深度、上机坑深度、中间支撑尺寸位置、吊钩数量尺寸位置等80多个出图要素，建立参数自适应的单元图形库，通过单元图形特征的约束和排列组合，解决扶梯安装位置多样的问题，减少设计过程中非技术性的重复工作，实现对土建方案变化的快速响应。除扶梯二维特征要素外，结合其主要零部件结构、尺寸、材质、外观、装配关系、设计接口、使用寿命等526个信息模块，建立了扶梯BIM模型底层数据库。通过共享底层数据中心，跨三维平台模型内核（ACIS和Parasolid），直接对平台COM驱动，实现平台间专用接口设计，保证三维跨平台转换过程几何元素、数据信息零损失。

通过共用底层数据的方式，同时可以实现三维模型与二维图纸之间的无缝转换，避免三维建模平台自带输出二维图纸功能导致视图表达不合理、尺寸标注不准确、无法达到工程要求等问题（图6.3）。

图6.3 共用底层数据的三维模型与二维图纸无缝转化方法

2. 研发旅客提升设备多维度健康管理系统，实现设备健康评测和预防性维修

项目组基于现场调研，明确自动扶梯主要运行故障及原因，研究故障机理及健康趋势分析理论，并指导确定自动扶梯监测方案以及多维数据分析模型。依托大数据分析模型建立自动扶梯健康趋势预警与应急恢复专家系统，并进行应用示范。通过应用示范采集的大量样本数据完善专家系统并指导修正大数据分析模型，通过数据分析模型指导监测传感器的设置与安装。经现场应用验证后，确定自动扶梯健康监测技术方案及标准，建立故障预测与健康管理指标及标准体系，最终实现高可靠性故障预测、全寿命期运营管理以及统一建设标准的研究目标（图6.4）。

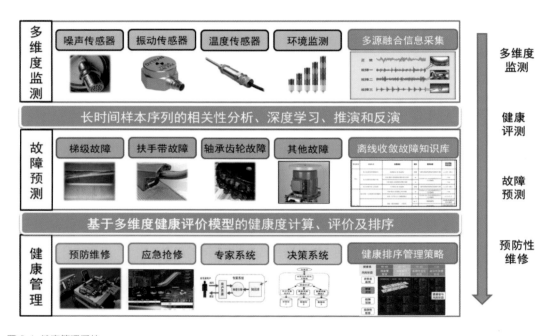

图 6.4 健康管理系统

该系统设计了中心级、车站级、现场级等层级。针对自动扶梯故障预测与健康管理的需求，合理选择服务器、工作站、传感器、数据采集器等硬件，并基于运营使用需求开发了该系统的软件部分，从而实现自动扶梯故障的预判。同时为管理部门提供科学、客观的数据，并建立流程化的维保急修工作体系，从而真正保障自动扶梯的安全运行，最终以长期监测统计结果反馈指导优化扶梯设计。

① 线网设备状态管理。

全线网自动扶梯的总体统计分析数据：可以查看该站点的实时人流、自动扶梯状态（正常、故障、需大修、需维保），进行实时故障统计。

② 线路设备管理。

全线自动扶梯的总体统计分析数据：可以查看该站点的实时人流、自动扶梯状态（正常、故障、需大修、需维保），进行实时故障统计。

③ 车站设备管理。

车站自动扶梯的总体统计分析数据：可以查看该站点的实时人流、自动扶梯状态（正常、故障、需大修、需维保），进行实时故障统计。

④ 车站设备健康排序。

根据设备的健康值，可以对设备以及部件的风险等级、衰退速率进行排序。

⑤ 设备故障诊断。

根据不同部件不同的损伤机理，对不同部件的状态数据进行采集，并对设备故障特征加以提取，根据故障库的数据进行实时分析，得出故障原因。

⑥ 设备管理。

设备不同部件损伤程度不同，同时占设备的权重不同，故对设备的健康影响程度也不同。本功能可分析设备的维保策略，可对不同设备进行针对性维护。

⑦ 故障库管理。

系统可确定设备维保时间以及提供维保方案。

⑧ BIM 设计与健康监测融合整体功能。

进入车站可交互式界面，可查看上机舱内的主机以及变频器、传感器等仪器设备。当通过 VR 手持终端设备操作虚拟动作"逼近"自动扶梯时，可查看自动扶梯基本参数、自动扶梯零部件组成介绍、自动扶梯实时监测数据以及自动扶梯内部结构。切换场景至电梯场景，可查看电梯基本参数以及自动扶梯零部件组成介绍。同时，选择电梯钢结构，可在线查看电梯钢结构受力云图及钢结构受力状态。

Chapter 7
节能设计

本项目节能设计主要体现在三个部分，即系统节能、建筑节能和设备节能。由于工程的特殊属性，设计采取了许多针对性的措施。

1 系统节能

隧道通风系统

充分利用列车运行时的活塞作用对隧道进行通风降温。根据武汉地铁既有线路的研究成果和已建线路的工程经验，本工程采用双活塞风道模式，区间隧道采用纵向通风的防排烟模式。经模拟计算，采用双活塞风道模式比单活塞风道模式隧道内温度降低 1.1℃。由于列车车载空调置于列车顶端，每列车厢前后各设一组，冷凝器（夏季制冷）在列车顶部，隧道温度降低增加了隧道内空气与冷凝器的热交换，降低空调冷凝温度，提高了车载空调器制冷 COP 值。有资料研究表明，冷凝温度降低 1℃，约提高能效比 4%，不仅节约了用电，还提高了列车内乘客舒适度。

1. 区间隧道通风系统设计及运行

地铁 11 号线采用标准双活塞模式，车站两端对应每一条隧道设置一台可逆转运行的隧道风机（单台风量为 80m³/s，全压为 900Pa，共 4 台）和相应的风阀，分别设置在两端隧道风机房内，采用卧式安装。地铁 9 号线利用轨行区上方侧出风亭进行活塞通风，并在车站两端设置机械通风系统辅助区间通风、排烟。车站机械通风系统在车站两端对应每一条隧道设置一台可逆转运行的隧道风机（单台风量为 80m³/s，全压为 900Pa，共 4 台）和相应的风阀，采用卧式安装。根据系统要求隧道风机布置既可满足两端的两台隧道风机独立运行，又可以相互备用或同时向同一侧隧道送风或排风。风机前后设有变径管和消声器，消声器采用金属外壳尖劈体片式消声器，以防止风机动力噪声的传播。车站线路两端均设置有效断面积不小于 16m² 的活塞风道，保证正常运行时活塞风的进出。活塞风道、隧道风机均设有相应的组合风阀，通过风阀的转换满足正常、阻塞、火灾工况的转换。

2. 车站隧道通风系统设计及运行

综合体地铁 9、11 号线车站站台公共区设有屏蔽门，屏蔽门外隧道区域为"车站隧道"。为保证列车停车时车载空调器的正常运行以及排除列车的制动发热量，地铁 11 号线车站隧道内设轨顶及站台板下排风道，对应列车的各个发热点设置排风口，通过区间隧道风机或专用车站隧道排热风机排风。根据隧道通风系统的要求，在地铁 11 号线车站隧道内设置排热风系统，每条隧道排风量为 50m³/s。排热风机要求在 250℃下可持续运行 1 小时，因初、近期列车发车对数较少，排热风机采用变频运行，以减小能源消耗。

地铁 11 号线车站隧道通风系统分别负担车站半边的轨顶和轨底排风，在车站的排热风道内设置车站隧道排热风机，车站两端各设置 1 台排热风机，整个车站共设置 2 台，每台风机的排风量为 50m³/s。轨顶、站台板下排风道均采用土建式风道，通过集中风室把轨底与轨顶的排风道连起来，通过风阀的开度调节轨顶排风为 60%，轨底排风为 40%。

根据建筑布置形式，9 号线轨行区上方设置有常开侧排风亭，取消了轨顶、轨底排热风道，解决了传统轨顶风道施工复杂、不通透、不经济的缺陷。正常工况时，利用列车在隧道内运行产生的活塞效应，排除车站轨行区积聚的热量，实现对车站隧道的通风换气，达到降温除湿的目的，确保正常工况时隧道内新风量、人员舒适性及温湿度的要求；当轨行区内发生火灾时，天窗自动打开进行自然排烟，满足隧道内火灾时的安全疏散及排烟要求，保障了车站隧道通风系统高效、绿色运行。

通风空调系统

1. 选择合理的通风空调制式

地下车站空调用房不同于地面建筑在过渡季节可通过开窗采取自然通风降温，能否在过渡季节有效利用室外天然冷源降温排热，与系统的空调形式也密切相关。光谷综合体地下一层结合空间形态、地面条件等因素，在圆形大厅顶板上设置多处天然采光天窗，非空调季节可打开采光天窗进行自然通风；同时为满足空调季节地下空间的舒适性要求，本工程站台设置全封闭站台门，车站公共区和设备区通风空调系统均采用全空气变风量系统，可根据送、回风温度对水量、风量等进行调节，实现节能运行。

2. 选择合理的空调冷源

本工程自设冷源，大、小系统冷源合设，采用全变频预制高效集成冷站的形式。车站空调系统计算总冷负荷为 9560kW，其中大系统负荷 8203kW，小系统负荷 1159kW。夏季集中冷源由设于地下一层冷水机房的 2 台制冷量相同的离心式冷水机组（LS-1、LS-2）和 1 台磁悬浮冷水机组（LS-3）提供，其中单台离心式冷水机组制冷量为 38434kW，单台磁悬浮离心式冷水机组制冷量为 1917kW，冷冻水供回水温度为 7 ~ 12℃，冷却水供回水温度为 32 ~ 37℃；配套的冷冻水泵 5 台，单台额定流量 733m³/h 的三台（LD-1、LD-2，两用一备）及额定流量 364m³/h 两台（LD-3，一用一备）；配套的冷却水泵 5 台，单台额定流量 863m³/h 三台（LQ-1、LQ-2，两用一备）及额定流量 432m³/h 两台（LQ-3，一用一备）；冷冻水泵、冷却水泵均采用卧式清水离心泵；配套的低噪声不锈钢逆流方形冷却塔 5 台，单台循环水量 Q=589m³/h。

3. 选择合理的节能控制系统

空调系统具有较大的节能空间，但是空调系统是否能实现节能运行，关键在于空调控制系统的水平，而不同控制方法和控制理念所能实现的节能效果大相径庭。本工程集成冷站系统能依据末端空调负荷变化，采用智能负荷预测算法，实现空调冷源站主机智能群控、冷冻水系统在线调节和冷却水系统最优 COP 控制策略，实现空调冷源站整体节能运行。

4. 选择合理的车站通风空调系统运行模式

系统的节能运行除通风空调系统制式外，设计运行模式也是关键所在。目前通风空调系统采用四种运行工况，即夏季高温季节最小新风空调工况、春秋季节的全新风空调工况、其他季节采用机械通风和自然通风工况。过渡季节采用全新风空调或全新风通风运行。

通风空调大系统（公共区）设计

1. 综合体地下一层圆盘大厅（除9号线站台下方区域外）

综合体地下一层圆盘大厅（除9号线站台下方区域外）采用变风量全空气系统，旋流风口顶送风，通风空调机房侧墙风口集中回风。圆盘大厅划分为4个区域，通风空调设备分别布置在圆盘大厅四个角落的通风空调机房内。各地铁通风空调机房内分别布置1台组合式空调器、1台回排风机、1台小新风机；4台小新风机对圆盘大厅区域送新风以满足人员所需的新风量，组合式空调器和回风排风机均采用变频控制。

2. 综合体地下一层圆盘大厅9号线站台下方区域

综合体地下一层圆盘大厅9号线站台下方区域划分为H端、E端及中部3个区域。H端和E端采用卧式空调器送风，余压回风，气流组织方式采用球形喷口侧送。中部亦采用卧式空调器吊顶内安装，采用球形喷口侧送风。中部区域吊顶内设置4台卧式空调器。

3. 综合体地下一层夹层9号线站台区域

综合体地下一层夹层9号线站台区域共设置16台吊式空调器。

4. 综合体地下一层圆形大厅东侧圆盘范围外公共区

综合体地下一层圆形大厅东侧圆盘范围外公共区在公共区吊顶内设置6台风机盘管，气流组织采用上送上回。

5. 综合体地下一层换乘通道

综合体地下一层换乘通道采用变风量全空气系统，散流器顶送风，单层百叶风口顶回风。

6. 综合体地下二层换乘厅及地下三层11号线站台公共区

综合体地下二层换乘厅及地下三层11号线站台公共区采用变风量全空气系统，中庭以外区域散流器顶送风，中庭区域球形喷口侧送风，单层百叶风口顶回风。

通风空调大系统（公共区）运行

大系统采用焓值控制。

① 当空调季节室外新风焓值大于车站回风点焓值时，采用空调新风运行。全新风阀关闭，小新风机打开，回排风机排风风阀关闭，回风风阀打开，回风与小新风混合经处理后送入公共区。

② 当室外新风焓值小于车站回风点焓值且其温度大于空调送风点温度时，采用空调全新风运行。全新风阀打开，小新风机关闭，回排风机回风风阀关闭，排风风阀打开，回风经回排风机直

接排到排风道，室外新风经空调器处理后送至公共区。

③ 当室外新风焓值小于空调送风焓值或其干球温度小于15℃时，室外新风不经冷却处理，利用空调器直接送入车站公共区，系统冷水机组停止运行。

④ 当室外空气温度过低时，室外新风与部分室内排风混合后再送入公共区。大系统组合式空调器送风机及回排风机采用变风量运行控制，主要根据公共区回风总管处焓值与设计回风焓值比较，通过风机变频器调节送/回风量来实现，同时水量根据送风总管温度通过调节动态流量平衡电动阀自动进行调节，以此保证公共区送风温度维持在设计温度。

2 建筑节能

地下建筑热工特点

1. 特殊性规范难以涉及

地下公共建筑在功能、空间、环境、结构、设备等方面与地面上的同类型建筑并无原则上的区别，但在建筑节能方面有以下特点。

① 无体形系数要求，建筑物体形系数是建筑物与室外大气接触的外表面积与其所包围的体积的比值。由于地下公共建筑位于地面以下，除下沉式广场内外墙与室外大气接触外，其他围护构件均与土壤接触。目前国家公共建筑节能设计标准规范还没有对具有下沉式广场的地下公共建筑体形系数进行规定。

② 外墙"窗墙比"较大，地下公共建筑中的外墙多为下沉式广场周边的临空墙体，由于作为地下与地上的主要过渡空间，此外墙大多具有大面积的玻璃窗，所以形成较大的窗墙比。

③ 部分围护结构的热工性能缺少规范性指导，例如国家规范中目前缺少对地下公共建筑中的地下室顶板热阻限值的规定等。

2. 地下建筑热工环境分析

① 室外热湿环境。

土壤对地下建筑围护结构的影响便相当于室外气候对地面建筑的影响。一般认为从地面到地下10m左右的土壤是依靠太阳供给热量，随着深度的不同而变化。土壤隔热性好而蓄热量大的稳定性，能在严酷多变的外界气候条件下保持相对稳定的温度。

由于围护结构受到土壤、岩石、地下水位高低等的影响，有时会出现较为严重表面散湿现象，再加上缺少阳光照射和有效的自然通风，围护结构往往比地面建筑潮湿。

② 室内热湿环境。

地下建筑中属于室内的气候因素主要包括进入室内的阳光、空气温湿度、生产和生活所散发的热量和水分等三个方面。

受建设条件限制，一般通过采光天窗、采光井等方式进行自然采光，与地面建筑相比，自然光线的不足形成了潮湿、阴暗等不利环境。特别在夏季，地下建筑内温度比室外空气温度低，室外空气进入地下建筑后，温度下降，相对湿度升高，当壁面温度低于露点时，即出现凝结水，致使地下建筑夏季雨季潮湿问题十分突出。

由于地下建筑覆盖层及周围岩土的衰减作用，地面温度变化引起地表层发生的热波，对室内空气温度影响不大。

地下建筑的封闭性较强，室内生产生活过程中所散发的热量和水分会增加温度和湿度，仅通过自然通风排除热量与湿气比较困难。

自然通风采光策略

1. 自然采光通风对地下建筑节能意义重大

地下建筑能耗主要包括采光能耗、空调能耗、动力能耗。例如，徐州时尚大道地下商业街能耗测量数据表明，最大的能量消耗是在有高制冷负载的 8 月份，另一个极大值是在有高取暖负载的 2 月份。年耗能的最大份额是照明，占 45%；第二位是空调能耗，占 44%；电梯及其他能耗占 11%。可见地下建筑中的采光和空调系统能耗占比巨大。

2. 节能策略

由于天然采光不仅节约了照明能耗，而且能满足人们的心理需求，引入自然采光往往作为地下空间设计的一个重要因素考虑，通常采用天窗式、庭院式和下沉广场式三种方式。

自然通风一般是利用室内外温度差造成的热压或风力作用造成的风压来实现换气的一种通风方式，设计合理的自然通风绿色环保意义重大。自然通风主要依靠建筑设计，其平面布局、风井的设置及风帽的选择等都会影响自然通风效果。地下工程建设中，建筑师偏爱下沉广场与中庭，除去通风的因素，开敞的地下露天往往可作为消防疏散的安全区域应用。在解决高大空间自然排烟工况时，采用天窗的手法比较普遍，但如果和人防要求相结合，就非常复杂。

3. 综合体自然通风、采光方案

① 地下一层圆形大厅。

综合体地下一层圆形大厅直径 200m，包括 5 个下沉庭院，合计建筑面积 34000m²，吊顶空间净高 6.5m 以上。大厅位于光谷广场正下方。结合空间形态、地面条件等因素，圆形大厅顶板设计多处自然采光天窗，兼自动排烟功能，天窗面积大于大厅面积 5%（图 7.1）。

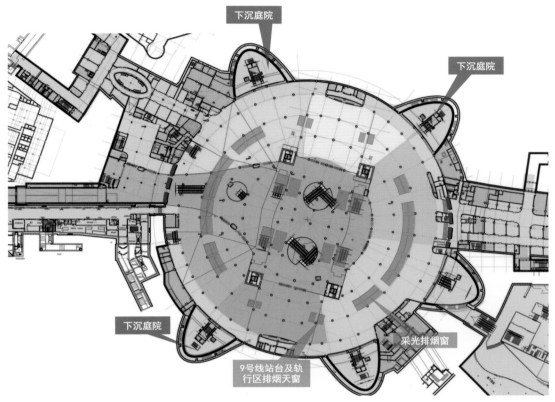

图 7.1 光谷综合体天窗位置示意

地下一层圆形大厅设置 5 个下沉庭院，分别连接光谷广场环岛相邻地块。每个下沉庭院面积约 500m²，可充分利用自然光线，同时实现空气对流，自然通风，有利于排出地下空间湿气及潮气。

② 物业开发。

珞喻路隧道上方物业开发分为东、西两端，两端物业开发均设置椭圆形下沉广场，实现自然采光通风。

建筑材料

建筑节能主要涉及外墙保温、屋面保温、楼梯间及地下室顶棚保温、节能门窗、空心加气块等材料。

根据《种植屋面工程技术规程》(JGJ 155—2013)规定，当地下建筑顶板覆土厚度大于800mm时，可不设保温层。综合体工程顶板覆土均在 1m 以上，因此综合体顶板可不设置保温层。

综合体墙体分为地下室结构外墙、下沉广场侧墙以及内部设备用房隔墙。结构外墙采用钢筋混凝土结构，结构外侧设置卷材防水层及保护层，可采用挤塑聚苯乙烯泡沫塑料板作为保温材料及防水层保护层。

临下沉广场幕墙采用节能门窗，选用断热铝合金 Low-E 双层中空玻璃。下沉广场实体墙选用蒸压加气混凝土砌块，外保温采用 45mm 厚发泡陶瓷保温板。

3 设备节能

电扶梯节能

提升设备节能以变频技术、永磁技术为特色。

1. 自动扶梯

综合体项目客流量大，在每天运行过程中客流高峰时间不长，非高峰时段往往处在空载和轻载情况下，变频自动扶梯是行业内的主流选择。

项目采用了全变频方式，即在无人乘梯时，扶梯由额定运行速度转为低速运行，当乘客走近时，扶梯启动以正常速度运行；乘客离开后，扶梯减速变为慢速运行或停止。扶梯的整个运行过程（启动、停止、无人低速、高低速切换、高速）都由变频器拖动。

该全变频设备在运行速度选择上较灵活，包括采用分时段改变扶梯的速度运行，即在客流高峰期采用额定速度 0.65m/s 运行，在非高峰期采用 80% 的额定速度 0.5m/s 运行；或采用变频器轻载节能运行模式等，节能效果显著。

2. 电梯

驱动系统使用能耗更低的永磁同步无齿曳引机。特点是直接驱动，体积小、重量轻；传动效率可以提高 20% ~ 30%；励磁由永磁铁实现，电机功率因数可达到很高；与其他类型比，使用寿命更长，且基本不用维修。

动力照明节能

动力照明系统在保证工程合理的前提下，以智慧、智能为目标。

① 根据用电负荷的分布特点，在负荷中心合理设置照明配电室。地下一层换乘大厅，在两端设备区及四个出入口共设置 6 处照明配电室，合理分配照明配电箱安装位置，减少线路损耗及电缆工程量，以节约电缆、提高供电可靠性以及降低施工难度。

② 优化 BAS 系统控制策略，采用先进模糊算法，实现通风空调及给排水系统按模式控制自动运行，以达到节能目的。

③ 公共区照明采用 LED 灯具及智能照明系统，公共区灯具控制纳入车站 BAS 系统，可以自动或人工设置各种照明节电运行模式，基本实现了照明的智能控制，同时也可根据客流及自然光强度开启不同光照模式，节约电能。

④ 较大容量低压电机采用软启动或变频装置启动，以降低启动时对电网的冲击。

⑤ 根据不同负荷类型分单位配置计量仪表，以强化电能计控。

给排水节能

给排水专业节能相对简单,主要包括:采用性能稳定、质量可靠、高效、低能耗的设备;各类水泵采用高效节能泵;设置自动监控系统,自动控制给排水设备启、停状态;采用节水型卫生设备;水管及管道接口的材料选用新工艺产品,保证用水的安全可靠性,减少泄漏,降低轨道交通工程中的水资源消耗,减少对环境的污染。

生产用水、设备冷却用水尽量循环使用,以节约水资源。

通信系统节能

通信系统在满足用户需求、质量可靠的条件下,选择高效节能、环保型通信设备。通信电源设备采用智能化电源系统,蓄电池选用免维护、无气体排放的产品。

Chapter 8

BIM 技术应用

1 模型研究机制

软件选用

目前市场上 BIM 设计软件以 Autodesk、Dassault 及 Bentley 为主，国内也有 PKPM、探索者、盈建科等设计软件。选择一款适合工程的 BIM 软件将对后续的 BIM 应用效果产生直接影响。

本项目通过市场调查及综合比对，选择以 Autodesk（包括 Revit、Inventor、Navisworks、Infraworks 软件）为主平台开展相关设计。其中 Revit 软件集成了建筑、结构、机电三个模块，由此建筑、结构与暖通专业均可基于该软件开展设计，该软件具备一定的参数化功能，已经很好地应用于建筑行业，特别是民用建筑。在该软件中，族是其设计的基本单元，因此利用该软件开展好设计，必须创建符合项目或者工程实际应用的族。Inventor 是一款以设计、建模、出图为一体的数字化样机解决方案软件，对于需要一定程度精细化且参数化要求较高的设计，可以考虑该软件。Infraworks 可以为基础设施项目的规划和方案阶段的设计提供解决方案，支持场景较大。Navisworks 软件能够将 Revit、Inventor 等设计模型进行集成，开展专业间的碰撞检测和施工模拟，可方便设计人员审阅、浏览模型。在地质方面，采用了坤迪软件，GeoBim 是以现有的纵断面为主，辅助必要的横断面进行拉伸，再剖切形成模型，而基于 Autodesk 平台与二次开发建立地质模型是以现有横断面为主，采用地层横断面（线）→地层曲面（面）→地质体模型（体）的思路进行模型的创建，对于不太复杂的地质模型可较为方便地创建三维模型，适用于本项目。另外根据项目组需求，还需对已构建的模型进行人流、采光、气流、烟雾等方面的分析，经比选，选择了 Legion、Ecotect、Fluent、FDS 等软件。

综上所述，考虑项目需求及各专业设计特点，各专业软件选择情况如表 8.1 所示。线路专业利用 Infraworks 软件进行线路方案设计；地质专业利用坤迪软件创建地质模型便于下游专业使用；航测专业基于航拍数据利用 3ds Max 创建示意性地面模型；建筑、结构、暖通采用 Revit 创建主体模型。在创建完所有模型后，相关专业开展了钢筋创建、三维漫游、车流模拟、人流分析、采光模拟等内容。

铁四院 BIM 云平台是集团公司在信息化建设过程中，第一次为三维设计设计业务单独建设的虚拟化私有云平台。依据项目需求，项目组在搭建的铁四院 BIM 云平台上开展工作，即将 BIM 应用所需要的图形工作站、高性能计算资源、高性能存储以及 BIM 软件部署在云端。BIM 数据模型和应用、分析的结果数据自然也会在云端产生，而本地端的用户无须安装专业的 BIM 软件，只需要一台普通的终端电脑通过网络连接到云平台，就可以在上面进行 BIM 相关工作。BIM 私有云平台的基础构架分为存储层、网络层、计算集群、桌面虚拟化及三维仿真等多个层面。

表 8.1 各专业软件选择情况表

序号	选用软件名称	应用专业	用途
1	Infraworks	建筑、线路	车流模拟、线路方案设计
2	Revit	建筑、结构、暖通	主体模型创建
3	Lumion	建筑	三维漫游
4	Inventor	结构	钢筋创建
5	FDS	暖通	暖通模拟、烟雾模拟
6	Legion	暖通	人流分析
7	坤迪	地质	地质建模
8	3ds Max	航测	地表模型创建
9	Navisworks	建筑、信息中心	模型整合、施工模拟
10	Ecotect	建筑	采光模拟
11	Fluent	暖通	气流组织

协同机制

协同设计分为二维协同设计和三维协同设计。二维协同设计在基于二维工程图纸的传统方法中已得到应用。其是以计算机辅助绘图软件的外部参照功能实现各专业间定期、节点性地互相提取资料，为基本文件级协同，是一种文件定期更新的阶段性协同。但如今项目越来越复杂，而且设计周期短、工期紧张，传统设计方式面临难以克服的瓶颈，存在各专业设计信息交流不畅、数据重用率低、项目各参与方沟通困难的问题。本项目中利用 BIM 技术开展设计，为上述问题提供了较好的解决方案，基于 BIM 的三维协同设计是指项目成员在同一环境下用同一套标准来完成一个设计项目。设计过程中，各专业并行设计，基于三维模型的沟通及时且准确。建筑、结构、暖通专业协同机制如图 8.1 所示。

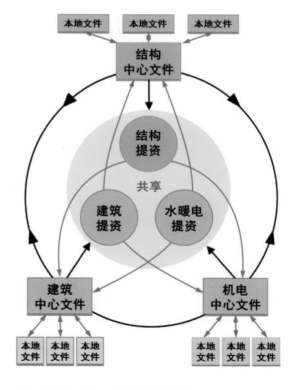

图 8.1 建筑、结构、暖通专业协同机制

在本项目中，主体模型采用 Autodesk 的 Revit 软件创建，Revit 中协同工作主要有两种：文件链接方式和工作集方式。其中文件链接方式类似于 AutoCAD 中通过 CAD 文件之间的外部参照，使得专业间的数据得到可视化共享；工作集方式利用工作集的形式对中心文件进行划分，工作组成员在属于自己的工作集中进行设计工作，设计的内容可以及时在本地文件与中心文件间进行同步，成员可以相互借用属于对方构件图元的权限进行交叉设计，实现信息的实时沟通。

另外，本项目中涉及的航测、地质、建筑、结构、暖通模型之间协同主要依靠 Navisworks，涉及数据转换如图 8.2 所示。模型均整合到 Navisworks 后，可进行整体模型漫游、专业间模型碰撞检测。

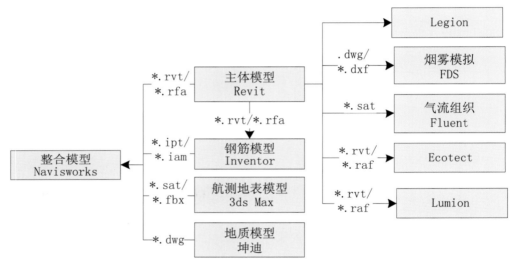

图 8.2　模型整合机制

场地模型

BIM 设计，尤其是铁路 BIM 设计离不开三维地表和环境模型的支持，现代测绘地理信息技术多年来一直以建设数字地球和智慧地球为目标，以空天地一体化对地观测技术、多源数据处理与挖掘技术和 3D GIS 技术为代表的核心技术可高精度、高逼真地再现三维地表和环境，正好可为铁路 BIM 提供有力的支撑。

为建立光谷广场综合体三维地表及其环境模型，课题组通过研究，采用了先进的无人机倾斜摄影、地面激光雷达和地面近景摄影等技术，获取了光谷广场综合体的多源地理信息数据。基于多源地理信息数据，采用人工辅助建模手段，建立高精度、高逼真的场景要素。采用 3D GIS 软件对三维地表和环境模型进行拼装，形成整个光谷广场综合体三维地表和环境模型（图 8.3、图 8.4）。

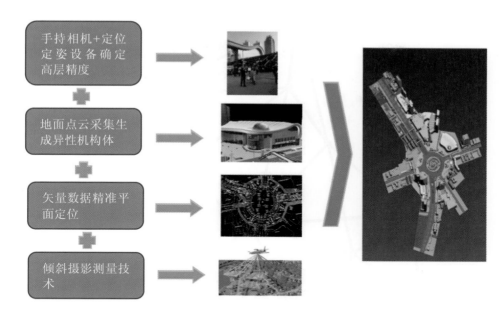

图 8.3 三维地表和环境模型建模技术路线

图 8.4 三维地表和环境模型成果

地质模型

三维地质建模技术是在虚拟三维环境下，利用空间信息管理、地质解译、空间分析与预测、地学统计、实体内容分析以及图形可视化等工具用于地质分析的技术。三维地质建模技术能够借助三维地质建模工具提升行业解决复杂地质问题的能力。

在本项目 BIM 设计中，地质三维模型软件要求采用 Autodesk 的产品，并且最终要求在 Revit 中进行模型整合。地质专业三维建模软件通常具有特殊性，与其他专业建模软件不具备平台统一性，因此文件格式不能无缝整合，这给各专业协同设计带来难题。QuantyView 软件是中国地质大学（武汉）信息所和武汉地大坤迪科技有限公司研制的三维地学信息系统（QuantyView）基础平台上，针对水电水利水电工程地质需求进行二次开发和定制的三维地质信息系统，具有自主知识产权。QuantyView 与 AutoCAD 有较完善的接口，可以有效解决地质模型建模及集成的难题。同时，为了能够灵活地基于本项目特点开展二次开发工作，以期达到预期的 BIM 设计目标。因此，本项目地质 BIM 的建模软件采用 QuantyView 三维建模软件。

本项目为区域性的拥有钻孔基础数据量较多的基坑工程，因此三维地质建模主要采用钻孔数据建模的方法。

结构面是地质体三维建模的基础，利用已有的离散数据资料构建地质体的地形面及各个构造面，是建立合理的三维地质体模型的前提。QuantyView 中提供了支持 CAD 所产生的 DXF 格式文件的接口，可以将 CAD 中构造的等高线地形图导入，经处理后自动生成三维地形面。QuantyView 同时提供了支持钻孔数据输入的接口，按照 QuantyView 所支持的钻孔输入格式所制成的 TEXT 文件可直接导入 QuantyView，生成钻孔布置图，并可由钻孔信息生成三维地层面。QuantyView 中的地质模型成果如图 8.5 所示。

地质体通常被多组构造面（地层分界面、断层面、节理面等）划分成不同的地质单元体。在 QuantyView 软件中，复杂体可以通过面切割简单的体来产生。基于这种思路，在地质体的三维模型建立方面可以利用已生成的结构面来切割覆盖整个研究区域的立方体来形成。

QuantyView 建模还可以利用钻孔、地形以及地表露头等工程地质勘探信息和专业地质人员一起解译出横、纵剖面图以及平切面图等二维剖面图，完成对所在区域岩体三维结构的建模工作。

在建成上述模型的基础上，可进行任意方向、地点深度的三维剖切操作，进行岩体剖切、地下建筑物的岩体结构分析、模拟数字钻孔等可视化的分析。

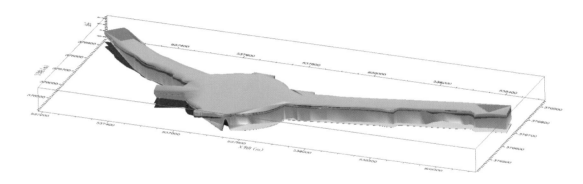

图 8.5 QuantyView 中的地质模型成果

建筑模型

本项目包括现有的光谷综合体设计和已通车运营的 2 号线光谷广场站。总面积近 160000m²，分地下三层（图 8.6）。地下三层为 11 号线站台层，地下二层为换乘厅、2 号线南延线区间、珞喻路隧道，地下一层为换乘大厅、2 号线光谷广场站、2 号线南延线珞雄路站、换乘大厅连接珞雄路站的商业开发以及周围的市政通道及商业开发，地下一层夹层为鲁磨路隧道。

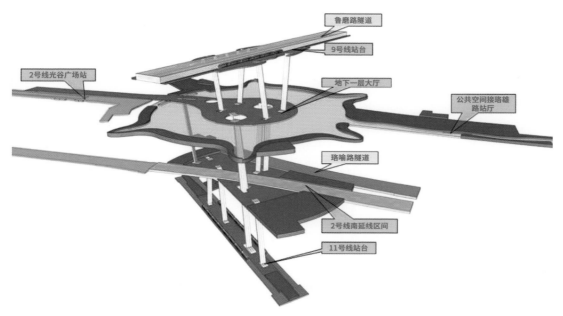

图 8.6 光谷综合建筑功能分层示意图

本项目体量巨大，本次建模采用 Autodesk Revit 2014 进行建模，若将项目建设在一个文件中，不利于计算机运算，运算耗时过长，不利于提高工作效率。本着计算机能够快速运算、提高工作效率的原则，整个光谷综合体项目被拆分，根据每个拆分文件能单独编辑的原则进行单个文件的划分，具体拆分见表 8.2。

建筑专业模型与其他专业模型通过中心文件链接的形式进行协同设计。中心文件由建筑专业进行创建，其坐标采用北京 54 坐标系统，标高为绝对标高（高程系统为新 1985 国家高程基准），轴网与平面图中的轴网一致。中心文件中只定义了坐标、绝对 0.000 标高及基础轴网，为保持各专业模型的一致性，各专业的链接中心文件创建自己专业的标高及模型。

建筑专业将模型划分为若干个文件进行建模，文件采用链接中心文件的方式创建，各个文件内部采用工作集的形式进行模型的创建。各个文件之间采用原点链接的形式进行协同，固定时间点的方式进行协同，时间点为每三天一次，更新链接文件，以核实各个文件之间的协同。专业之间采用 Navisworks 软件进行碰撞检查，发现问题，返回 Revit 进行模型修改（图 8.7）。

表 8.2 建筑模型拆分原则

文件名称（.rvt）	工程规模	分界面
中心文件	0	无
光谷圆盘	包括地下一层 200m 直径圆形大厅、珞喻路隧道上方物业开发、地下一层夹层 9 号线站台层、环形避难走道、鲁磨路市政隧道及与周围相连通的市政设施、商业开发等。总计 93000m²	空间分界面为地下一层顶板和底板，平面分界为珞雄路站车站设计里程处，2 号线换乘通道处
2 号线光谷广场站	整个光谷广场站、2 号线与光谷圆盘的换乘通道，面积约 30000m²	平面分界面为通道与光谷圆盘交界处
2 号线珞雄路站	整个珞雄路站，面积约 25000m²	空间分界面为珞喻路隧道顶板，平面分界面为车站设计起点里程处
地下二三层	11 号线站台层、珞喻路隧道、2 号线南延线区间、地下二层换乘厅，面积约为 52000m²	空间分界为地下一层底板。平面为除上述部分的全部地下二三层
场地	周围部分构筑物、出入口及恢复场地搭建	整个地面

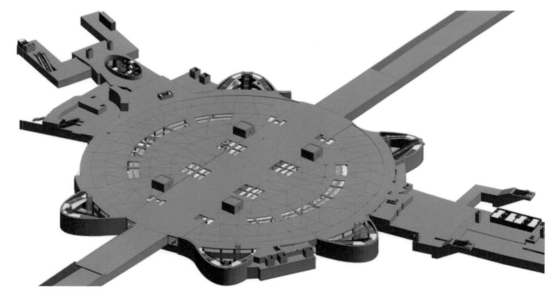

图 8.7 建筑整体模型

结构模型

本项目结构模型体量巨大，为提高建模效率，减小计算机运行负荷，将整个光谷综合体结构模型进行拆分，拆分结果见表 8.3。

结构专业模型与其他专业模型通过中心文件链接的形式进行。中心文件由建筑专业进行创建，结构专业链接中心文件创建本专业的标高及模型（图 8.8、图 8.9）。

表 8.3 结构模型拆分原则

文件名称（.rvt）	工程规模	分界面
圆盘区模型	圆盘区地下一层及地下一层夹层结构	竖向分界面为圆盘区地下一层顶板和底板，平面分界为珞雄路站车站设计起点里程处及 2 号线换乘通道处
2 号线光谷广场站模型	2 号线光谷广场站及与光谷圆盘区换乘通道结构	平面分界面为换乘通道与光谷圆盘交界处
2 号线珞雄路站模型	2 号线珞雄路站结构	竖向分界面为珞喻路隧道顶板，平面分界面为车站设计起点里程处
地下二三层模型	除上述部分外结构	竖向分界为地下一层底板，平面为除上述部分的全部地下二三层
基坑支护模型	全部基坑支护结构	—

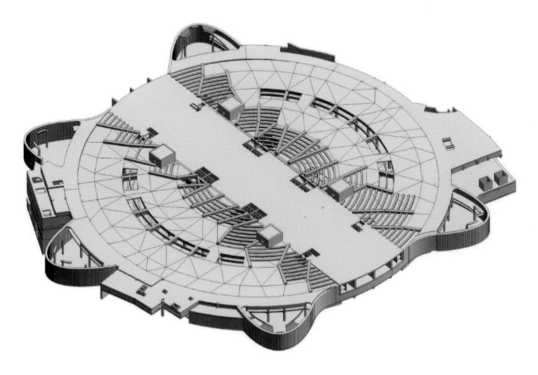

图 8.8 结构整体模型

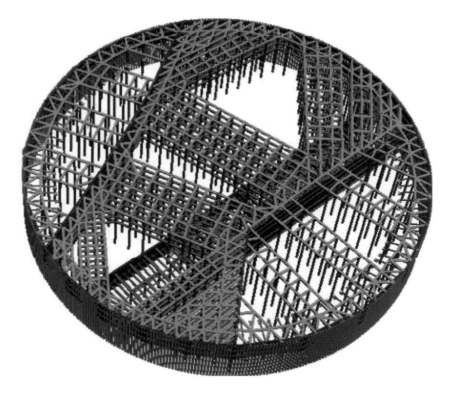

图 8.9 基坑支护模型

机电模型

光谷广场综合体体量较大，建筑布局复杂，为了后期模型（本项目模型不包括物业开发部分）组建和运行流畅，我们将光谷综合体按照建筑布局拆分：地下一层圆盘部分、地下一层夹层（9号线站台层及鲁磨路隧道）、地下一层 2 号线换乘大厅、地下二层（换乘大厅及设备用房）、地下三层（11 号线站台层）。模型拆分并非越细越好，主要遵循专业一致规则，保证各专业尽量采用一致的拆分方案，方便后期的配合、协调（图 8.10）。

基于 Revit 平台的专业协同主要有两种方法：工作集模式和链接模式。前者用于专业内协同，后者用于专业间协同。工作集模式是将暖通中心文件通过工作集的形式赋予不同工作人员设计权限，参与项目的暖通设计师可以在自己的本地文件中对负责部分进行设计，不受其他部分的干扰，也可以借用权限进行交叉设计，同时可以将设计成果阶段性（可以实时同步，但阶段性更符合设计习惯）地更新到中心文件中。工作集具有灵活的划分方式，根据企业的设计习惯，可以按楼层划分，也可以按系统划分，本项目采用按系统模型由部件子装配体模型装配而成，子装配体由零件装配而成。链接模式是不同专业的模型文件互为外部参照，例如建筑模型与机电模型进行整合协同。此模式无权限管理，联系松散，是目前二维设计场景中广泛应用的模式。

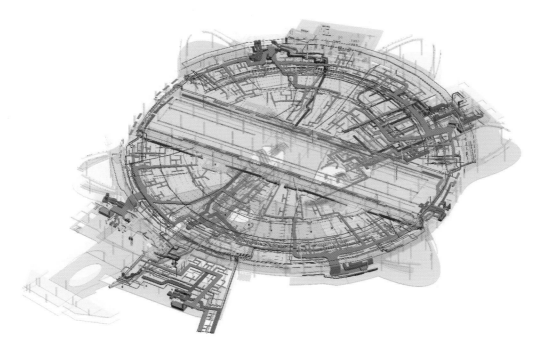

图 8.10 机电整体模型

2　设计验证优化

客流及疏散模拟

　　行人仿真模拟软件在地铁车站空间优化设计中应用较为广泛。对地铁车站内客流组织及安全保障也有十分重要的作用，通过对高峰期内不同特征的乘客及乘客群组成的客流移动特征的研究，分析车站空间的利用率、车站空间中的交通冲突及拥堵的主要原因，有利于提高车站内的乘客移动效率，解决各部位设施的能力不均衡问题。在充分掌握站厅内空间布局变化、明确其他空间与站厅结合方式和方向的情况下，利用先进的交通影响分析理论、计算机仿真技术研究站厅空间使用密度等方法，提出优化方案，为车站空间的合理设计提供有利的指导，最大限度地发挥城市轨道交通车站的路网效益及地铁站域商业发展的经济效益，为保证城市有序、和谐、健康的发展提供重要的技术支持和理论支持。

　　20 世纪 60 年代，随着计算机技术的进步，行人交通仿真模拟技术逐渐发展起来，相对于国内行人交通发展研究，国外对行人交通仿真的研究起步要早很多。由美国国家研究理事会、交通运输研究委员会、城市轨道交通管理协会支持研究的，John J. Fruin（1971）编写的行人交通的代表性著作 *Pedestrian Planning and Design* 为行人交通的发展奠定了基础。而后，B. Pushkarev 和 J. Zuparr 编写了 *Urban Space for Pedestrians* 一书，也对以后行人交通的研究方向产生了巨大的影响，成为行人交通研究的基础理论。发展到 20 世纪 80 年代，行人交通研究的应用已经延伸到城市设计、城市规划和建筑设计等许多领域：人群高密度聚集场所的紧急疏散预案制定和评估；大型公共建筑，飞机场、体育赛场馆、地铁车站、火车站等的步行空间设计等。行人交通研究的方法可分为仿真法、实验法和解析法。

由于影响行人运动行为的复杂因素较多，在使用实验法和解析法进行研究时，输出的结果具有一定的局限性，而仿真法是在收集行人行为特性数据的基础上建立的行人流动动态模型，通过连续事件或离散事件仿真来直观地刻画行人移动变化的整个过程，综合了解析法和实验法的优势，更具有可靠性和科学性。

行人仿真模拟也称行人交通仿真模拟，行人仿真模拟作为一种实用的工具，在交通安全评价、交通运营分析、交通流模型、交通设施设计、交通新技术评价研究等领域已经有了广泛的运用，其使用目的是通过计算机编程技术再现复杂的交通现象，并对空间中发生的这些现象进行解释、分析，找出问题的症结，最后对研究对象提供设计指导或提出优化设计方案。

Legion 行人仿真模拟软件是在对个体间相互作用准确描述的基础上，利用真实再现群体行为的方法进行分析对比，使得仿真实验结果和输出数据更接近现实状况。

光谷综合体 BIM 模型由 Revit 软件建立，模型建立之时进行了清晰的工作集划分，这对于后期使用 Legion 3D 进行三维客流模拟有很大帮助。若模型建立之初工作集划分不清晰，当模型的几何与非几何信息积累越来越多时，模型之间的咬合关系也会越来越复杂，剔除冗余模型、简化模拟数据的工作也会愈加烦琐，因此在使用 Revit 建立模型之初就应该按构件类型对工作集进行划分。

模拟所使用的模型一般情况下只需要保留对行人、乘客移动和行进造成阻碍的构件和设施，如墙、板、柱、楼梯、自动扶梯、栏杆、闸机、安检机等。因此，Revit 使用工作集对构件类型进行了划分，可以很轻松地将模型按照不同构件进行拆分。在工作集全局可见性中设置某种类型的构件可见，使其他类型的构件隐藏，然后通过导出命令输出模型为 .skp 格式，那么该文件将只包含这种类型的构件。当然，在进行构件导出时还可以进行更精细的划分，如将同一类型的构件按照不同楼层和区域进行二次划分，这将为后面三维仿真模拟的设置和展示带来更大便利。

SketchUp 软件是 Revit 与三维仿真软件 Legion 3D 的衔接器，但由于 Revit 与 SketchUp 内核对模型几何信息的处理方式不同（Revit 是基于 ASCII 编码的实体网格，SketchUp 是基于几何三角网格），咬合关系复杂的模型由 Revit 导入 SketchUp 时往往会出现破面或者其他难以预料的问题，因此才需要按照前文所述进行模型拆分，尽可能减少模型间的关联，按单一类型构件导出，然后在 SketchUp 中进行组合，如图 8.11 所示为 Revit 导出的墙体模型和板、柱模型。

建模的主要流程：出入口—闸机—楼扶梯—站台层候车区域—列车（简化为出入口考虑），每个区域和设施的具体设置不再赘述，原则是确保出入口位置准确，并与相应的客流数据进行关联，闸机通行方向正确并与排队模块（Quee）进行关联，楼扶梯上下行方向正确，扶梯需设置运行速度，站台候车区域需指定排队的位置（屏蔽滑动门位置），列车需与潮汐客流进行关联。

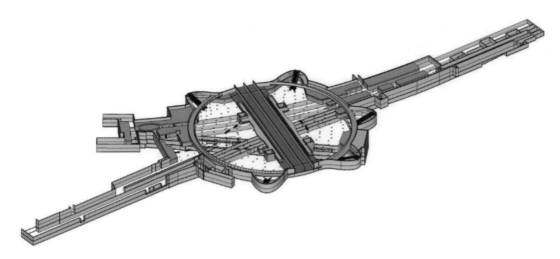

图 8.11 Revit 导出的墙体模型和板、柱模型

利用二维模型可以得到一系列的模拟结果,包括模拟过程图、客流密度图(平均密度与最大密度)、空间利用率分析等,可以对综合体内的乘客流线设计进行初步分析。如图 8.12 所示为光谷综合体 2 号线换乘通道局部模拟过程,如图 8.13 所示为光谷综合体地下一层换乘大厅平均客流密度,平均密度图显示高峰小时内车站内部空间的平均密度。密度越高,色彩越偏红色;密度越低,色彩越偏蓝色。

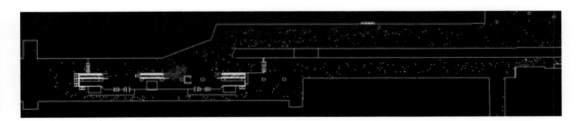

图 8.12 光谷综合体 2 号线换乘通道局部模拟过程

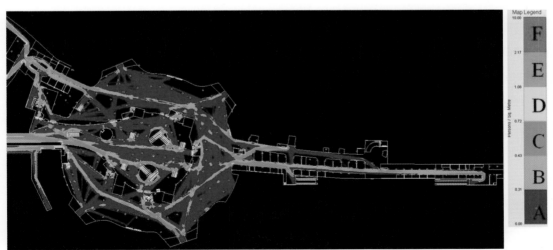

图 8.13 光谷综合体地下一层换乘大厅平均客流度

烟雾及气流模拟

光谷广场地下一层属于高大空间建筑，地铁 9 号线和鲁磨路隧道横贯在通高大厅中部上方，结构独特，其防排烟设计也是一大难题。虽然我国相关规范有大空间建筑防排烟的条文，但有些规定并不是很精确，加之实际工程千差万别，不能完全有效地指导大空间建筑防排烟设计。因此，开展大空间建筑火灾烟气运动特性研究，对大空间建筑的烟气管理具有十分重要的意义。

排烟分为自然排烟和机械排烟两种方式。自然排烟是利用火灾烟气热浮力和外部风力经建筑物上部开口将烟气排至室外的排烟方式，其实质上是热烟气与室外冷空气的对流运动，其动力是火灾加热室内空气产生的热压和室外的风压。机械排烟是利用电能产生的机械动力，迫使室内的烟气和热量及时排出室外的一种方式。地下一层顶部采光带因其有利位置，拟考虑将其作为自然排烟的排烟窗，详见图 5.1 和图 5.2。由于光谷综合体属于高大空间且结构独特，难以采用传统的设计方法验证自然排烟的可行性，往往需要借助计算机模拟自然排烟方式对室内人员高度处温度、可见性以及 CO 浓度分布等火灾参数进行模拟预测。

将 Revit 建筑模型导出为 dxf 格式文件，导入 FDS 烟雾模拟软件中作为三维模型，在相关火源点、排烟点设置精细网格、创建边界条件，设置不同的吊顶镂空率、挡烟垂壁位置、排烟窗开启时间等工况，进行烟雾模拟，从而验证地下一层自然排烟的可行性，以及在外部环境作用下对排烟效率的影响，为排烟天窗的设置、建筑吊顶的设置、人员安全疏散等提供理论依据。模拟成果详见 5.1 节。

光谷广场综合体地下一层大部分区域层高在 8m 以上，其气流组织也是一大难题。气流组织就是合理地布置送回风口的位置、规格、数量、分配风量，以及选用适当的风口形式，以达到最佳的空调通风效果。地下车站是一种地下大空间建筑，如果气流组织设计不好，会造成工作区内垂直温差过大，人员产生冷热不均的感觉。采用一种设计合理有效的气流组织是创造一个良好的地下乘车环境的重要保障，加强工作区的通风换气次数，同时有效地排走温度高的空气和污染的空气。对于像地下车站这种有舒适性要求的空间，合理的气流组织形式还要能保证人员所处区域的空气流速符合要求。常规的散流器、百页风口等空调送风回风形式不能满足室内热舒适的要求。光谷广场综合体一层的空调送风采用旋流风口。虽然旋流风口有较多优点，但该风口用于高大空间，空气以螺旋状送出，难以采用传统的设计方法进行设计，往往需要借助计算机模拟旋流风口的送风特性并对室内温度分布和速度分布等进行模拟预测。

在 Revit 模型的基础上，进一步建立地下一层大空间的送风回风几何模型，模拟高大空间采用旋流风口顶送风，集中侧墙回风的气流速度场与温度场的分布，对初设方案进行设计验证。优化旋流风口布置，优化回风方式，获取最佳的室内工作区的空气流场分布与速度场分布，以获得最佳的热舒适性。

将 Revit 模型导出为 sat 格式文件，导入到 Fluent 模拟软件中作为三维模型，在特定送回风口加密网格、创建边界条件，设置不同的送风温度进行不同工况的气流组织模拟分析，从而验证初步设计方案的合理性和有效性，为光谷广场综合体的通风空调设计提供有力的技术支持，也为未来的光谷广场综合体节能运营提供技术与理论依据。模拟成果如图 5.44 所示。

自然采光模拟

光谷广场地下一层自然采光对地下一层光环境有着重要影响，同时自然采光又会增加地下一层辐射负荷量，找到自然采光量与辐射负荷量之间的平衡点对于建筑节能来说至关重要。自然采光量和辐射负荷量主要与外部天气、采光天窗材质和采光天窗透明度有关。室外环境的不确定性使得对全年自然采光的辐射负荷的计算难度大大增加，虽然太阳辐射被地下一层的地面或壁面吸收再以对流热的形式释放出来从而形成冷负荷，但目前无法进行进一步的量化分析。因此，需要借助模拟软件对光谷广场地下一侧自然采光与辐射负荷进行定量模拟分析，还要进一步分析采光带的太阳辐射对综合体地下一层总的空调负荷的影响。

考虑到以上因素，此研究采用 Ecotect 软件来对光谷广场地下一层自然采光与辐射负荷进行模拟计算。Ecotect 软件中自带天气数据，具备建模功能，对建立的模型赋予材质，可以进行全阴天的自然采光计算，辅助以 Radiance 软件可以模拟逐时采光量。对已经建好的模型，Ecotect 软件可以直接进行逐时辐射负荷的模拟，直观清楚地了解一天中辐射负荷的大小。

如图 5.28 和图 5.29 所示，中间隧道两侧是条形天窗，周边是环形天窗。根据要求首先做自然采光照度计算，采用 Ecotect 软件模拟地下一层的逐时自然采光量，分析自然采光的照度。选择有代表性的春分日、夏至日、秋分日和冬至日，同时选择一年中最晴天与最阴天进行模拟。最晴天表示一年中光照强度最大的一天，最阴天表示一年中光照强度最小的一天，自然采光量模拟时段是 7—18 点。然后进行自然采光辐射量分析，选择典型日是辐射量最大的 5 天。模拟成果如图 5.32 ～ 图 5.34 所示。

研究结论如下。

① 光谷广场地下一层采光情况，在有太阳直射的区域，照度比较大，夏季直射区域照度会超过 4000lx，易产生眩光，而在没有直射的区域，照度值都在 300lx 以下，这些区域占地下一层面积的 75% 左右，造成地下一层采光均匀度稍差，需要在达不到要求的区域辅助以人工采光。

② 在 8 月 5 日中午 12 点窗户接收的辐射量最大，该时刻在地下一层形成的冷负荷为 1029.6kW，通高大厅负荷为 926.6kW，9 号线站台冷负荷 103kW，大大增加了地下一层的空调冷负荷。建议在夏季中午适当增加遮阳设施，夏季中午自然采光相对较好，不会对照度有很大的影响，同时还可以减小自然采光造成的辐射负荷，节约运行成本。

③ 在冬季不添加遮阳设施，可以有效改善地下一层温度相对较低的情况，夏季中午 11—14 点时段，由采光引起的辐射负荷较大，需要添加遮阳设施，选取遮阳系数为 0.5，夏季累计节能 100000kW·h，过渡季期间选取遮阳系数为 0.7，累计节能可达 37570kW·h，添加遮阳设施后全年累计节能 137570kW·h。

根据光谷广场设计要求，对不同天窗面积与广场面积比值的情况进行采光分析，设计比值是 0.08，当取 0.2 或 0.3 时，最大采光量会有超过 5000lx 的情况，在这些区域极易形成眩光，同时采光均匀度下降，由于采光天窗面积较大，形成的采光负荷也会大大增加，增大了地下一层冷负荷，建议按照设计比值 0.08 进行施工，在光照不足的区域添加人工光源辅助采光，可以明显改善照度和采光均匀度，在夏季中午 11—14 点可以采取遮阳措施，夏季中午辐射负荷大，采取遮阳措施会减小地下一层空调负荷，降低运行成本，同时夏季中午采光充足，采取一定的遮阳措施并不会对地下一层采光造成很大影响。建议冬季不添加遮阳设施，过渡季期间选取遮阳系数为 0.7，夏季期间选取遮阳系数为 0.5。顶部采光天窗可以设计为可开启形式，在夏季炎热时期可以打开采光天窗来利用热压排出地下一层的热量，降低运行负荷。

3　其他应用研究

施工图出图研究

要在 Revit 中创建施工图，就必须根据施工图表达设置各视图属性，控制各类模型对象的显示，修改各类模型图元在各视图中的截面、投影的线型、打印线宽、颜色等图形信息，如图 8.14 所示为 Revit 出图主要流程。

图 8.14 Revit 出图主要流程

1. 前期准备

利用标题栏族，对于每个标题栏，指定图纸大小并添加边界、公司徽标和其他信息，可以将标题栏族另存为带有 RFA 扩展名的单独文件，如图 8.15 所示为在 Revit 中创建标题栏的步骤。通过创建自定义标题栏，并将它们保存，然后可以将这些标题栏添加到默认的项目样板中，这样在创建项目时可自动载入。

新建
打开
保存
另存为
导出
创建一个 Revit 文件。
项目
创建一个 Revit 项目文件。
族
创建一组在项目中使用的自定义构件。
概念体量
打开用于创建概念体量模型的样板。
标题栏
打开用于创建标题栏族的样板。
注释符号
创建一个用于识别项目中图元的标记或符号。
A0 公制.rft
A1 公制.rft
A2 公制.rft
A3 公制.rft
A4 公制.rft
新尺寸公制.rft

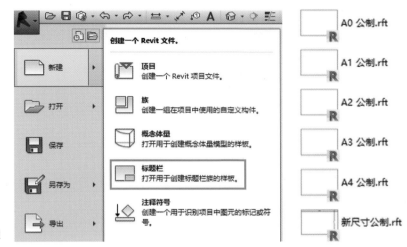

图 8.15 在 Revit 中创建标题栏

如果在项目样板中不包含自定义标题栏，则可以将标题栏载入项目中。各个标签通常采用项目参数或共享参数的形式进行创建，如图 8.16 所示为光谷综合体建筑图框标签栏。

中铁第四勘察设计院集团有限公司
CHINA RAILWAY SIYUAN SURVEY AND DESIGN GROUP CO.,LTD.
光谷广场综合体BIM工程
设　　计
复　　核
专业负责人
项目负责人
处总工程师
施 工 图 设 计
主体建筑
设计说明（四）
图号
S-JZ-01-005
比例
1:100
日期
2017年03月
第 005 张　　共 112 张

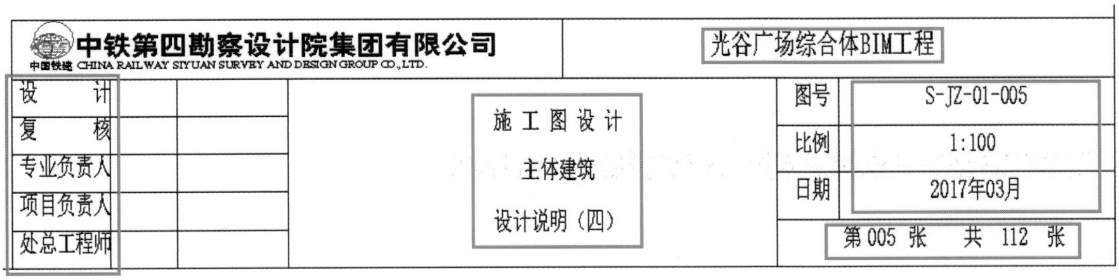

图 8.16 光谷综合体建筑图框标签栏

字间距宜使用标准字间距，行距宜采用 1.5 倍行距。字体选用微软雅黑或长仿宋体。高宽比设定为 0.7，符合字体间距要求。图签中图名等标题可选用其他字体。

在 Revit 中只能通过线型管理和对象样式控制图纸中图形的表达。在 Revit“管理”选项卡的“设置”面板下的“其他设置”里可以找到“线宽”对话框，分别为模型类别对象线宽、三维透视视图线宽和注释类别对象线宽进行设置。如图 8.17 所示，Revit 为每种类型的线宽提供 16 个设置值，在“线宽”选项卡中，代号 1 ~ 16 代表视图中各线宽的代号，可以分别指定各代号线宽在不同视图比例下的线的打印宽度值。一般出图中，线宽分粗（b）、中（$0.5b$）、细（$0.15b$）三级，绘图时应根据绘图比例大小成级差组选用，严禁在同级内选用线宽；应严格采用标准线宽组进行绘图。在 Revit 中还需设置线型图案，在“其他设置”面板下的“线型图案”对话框中进行设置，如图 8.18 所示。

图 8.17 Revit 中线宽的设置

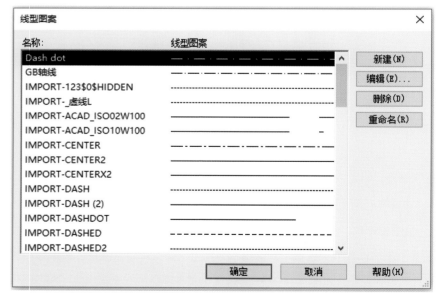

图 8.18 Revit 线型图案设置

在 Revit 中，视图是查看项目的窗口，视图按显示类别可以分为平面视图、剖面视图、详图索引视图、绘图视图、图例视图和明细表视图共 6 大类视图，见图 8.19。除明细表视图以明细表的方式显示项目的统计信息外，这些视图显示的图形内容均来自项目三维建筑设计模型的实时剖切轮廓截面或投影，可以包含尺寸标注、文字等注释类信息。可以根据需要控制各视图的显示比例、显示范围，设置视图中对象类别和子类别的可见性。另外，如图 8.20 所示，可以利用 Revit 中的"可见性 / 图形替换"功能，控制图元对象在当前视图中是显示或隐藏，用于生成符合施工图设计需要的视图。可以按对象类别控制对象在当前视图中是显示或隐藏，也可以显示或隐藏所选择图元。

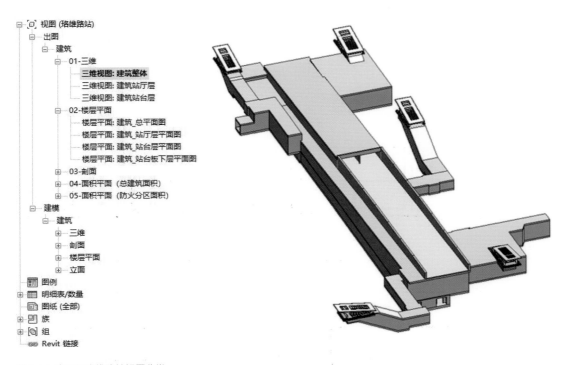

图 8.19 本项目珞雄路站视图分类

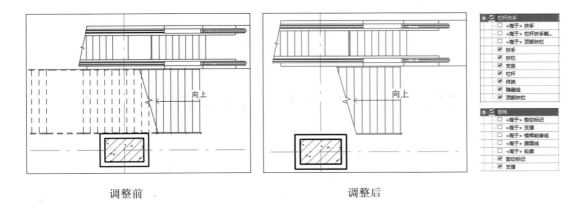

图 8.20 "可见性 / 图形替换"控制视图显示

2. 模型整理及注释

为了满足出图标准，需要对建立的 Revit 模型进行整理，整理的主要内容包括以下几个方面。

① 各构件（墙、梁、板、柱）之间的扣减关系（图 8.21）。扣减原则为：柱扣梁，梁扣板，柱扣墙，板被梁、柱扣减。

② 调整构件的填充材质（图 8.22），相同材质的构件在材质库中必须对应同一名称和材质类型。调整构件截面填充样式以满足制图标准的要求（图 8.23）。

③ 调整族构件的二维显示样式，使其满足出图要求。可以通过"可见性/图形替换"功能来控制构件的显示样式。若不能通过此方式实现，则需要通过调整族构件内部的二维显示来达到出图要求（图 8.24）。

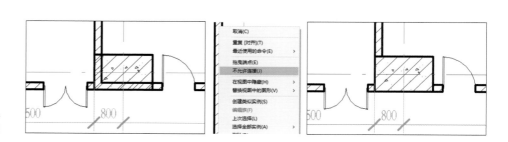

图 8.21 墙、柱扣减关系

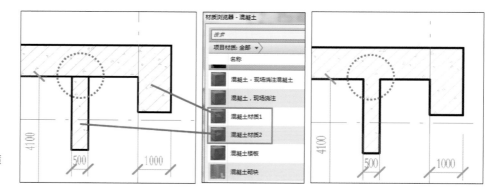

图 8.22 材质填充

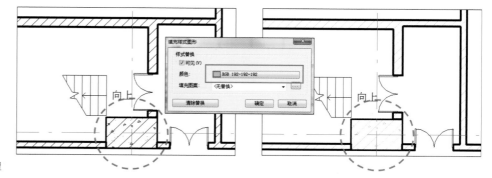

图 8.23 截面填充淡化处理

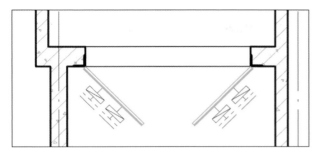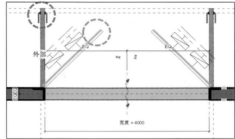

图 8.24 修改人防门族构件二维表达

经过以上调整后，模型可以添加各类注释，对平面、剖面视图进行标注，标注的内容主要包括尺寸标注、房间标注、标高及坡度标注等（图 8.25）。

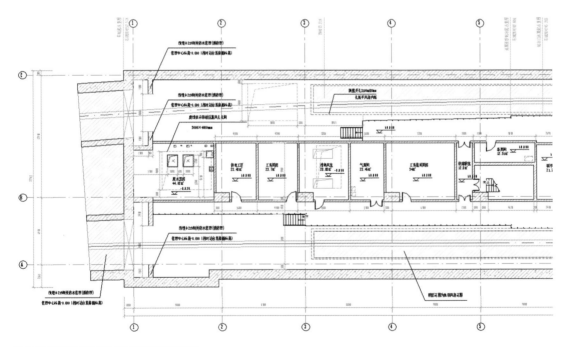

图 8.25 添加注释后的站台层局部平面视图

3. 布图与输出

使用 Revit "新建图纸" 工具创建项目图纸视图，将项目视图复制，进入图纸视图空间，根据图签内容填写相关信息，添加说明文字、剖断符号等（图 8.26）。另外，Revit 中可以引用 CAD 的节点详图，例如使用"详图索引"工具添加详图视图。待所有信息补充完整后，最后批量输出 PDF 图纸（图 8.27）。

图 8.26 使用 Revit 新建图纸

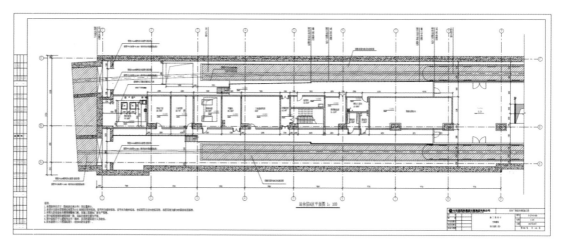

图 8.27 使用 Revit 输出建筑平面图

　　基于 Revit 创建的结构专业模型可以生成部分二维结构施工图纸，如结构平面布置图、结构平剖面图（图 8.28）等。在施工图纸生成之前，需要制作图框族、注释族等与图纸配套的族系统，同时需要定义字体大小及样式、线型、线宽等对象特性，另外需要在项目管理器中对视图类别进行统一管理。

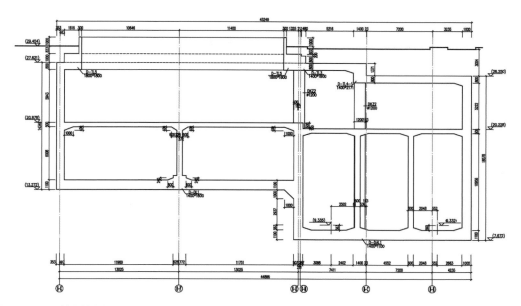

图 8.28 Revit 输出结构剖面图

暖通方面，此次光谷综合体尝试在某些多变、复杂的房间进行 BIM 出图，对于设备材料相对复杂、多变的房间，如卫生间出图、空调机房出图、冷冻机房出图、泵房出图等，将平面图、剖面图、明细表和系统图四者联动，有其中一处图元修改，其他三项随之自动更改。采用 BIM 协助出图的方式，存在变更设计时，BIM 小组成员调整模型文件，将模型导出 dwg 文件，设计人员根据施工图交付标准对文件进行细节上的调整，最后出图打印。三维系统图一键生成，图纸中可以标注设备参数、管线尺寸、标高以及管路走向（图 8.29）。

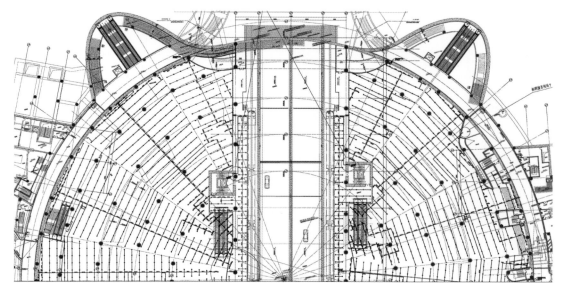

图 8.29 Revit 输出地下一层夹层喷淋系统平面图

管线碰撞研究

在根据管综施工图和规范要求的管综排布原则创建模型过程中，仍发现很多碰撞和排布不合理的地方，BIM小组成员将局部碰撞及时反馈给二维设计人员，做到实时调整，有效降低了模型后期管线综合调整工作量，同时优化了施工图管综设计。光谷综合体室内综合管线繁多复杂，需协调全专业管线布置，合理利用管线空间，提升地下空间净高和舒适度。BIM模型创建完成之后，小组成员根据制定好的碰撞检测原则，首先利用Revit MEP软件提供的碰撞检测功能，进行各系统内部的碰撞检测，将系统内部管线调通；然后通过将各专业Revit模型文件导入Navisworks中，实现暖通各系统之间、暖通与建筑、暖通与结构之间的碰撞检测，并通过Navisworks直接返回到Revit中进行人工调整，同时导出碰撞检测报告。可检测出机电内部、机电与建筑、机电与结构之间数以千计的碰撞，调整后数量降至百位。其中暖通专业内部进行碰撞检测时，我们遵循由简入繁的原则，为了避免遗漏或重复系统管线，先将大系统与小系统空调碰撞，主要调整小系统空调；再将大系统和小系统空调一起与小系统通风碰撞，主要调整小系统通风；再将大系统和小系统空调、通风一起与多联机系统碰撞，主要调整多联机系统，直到与最后一个系统碰撞为止（图8.30），具体规则如下：

01大系统 VS 02小系统空调；

01大系统 & 02小系统空调 VS 03小系统通风；

01大系统 & 02小系统空调 & 03小系统通风 VS 04多联机系统；

01大系统 & 02小系统空调 & 03小系统通风 & 04多联机系统 VS 05给排水及消防；

01大系统 & 02小系统空调 & 03小系统通风 & 04多联机系统 & 05给排水及消防 VS 06电缆桥架。

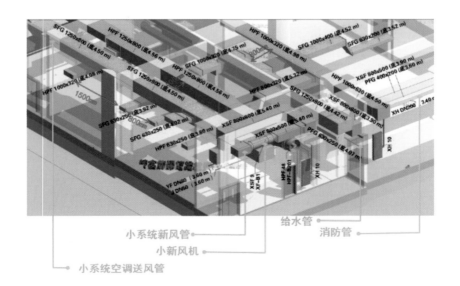

图8.30 管线优化调整

主体结构计算研究

光谷综合体项目体量巨大，结构体系复杂，对结构计算分析精度要求很高。为提高结构计算的准确性，为结构设计提供可靠依据，需采用整体三维有限元分析。

Revit 软件与目前主流结构计算软件均可通过接口程序实现模型互导。本项目结构分析软件采用 MIDAS/GEN 与 PKPM 2010 两种，利用 MIDAS/GEN 进行结构整体受力分析，并根据内力分析结果进行构件配筋计算。利用 PKPM 软件校核 MIDAS/GEN 计算结果，保证结构受力计算的准确无误（图 8.31 ）。

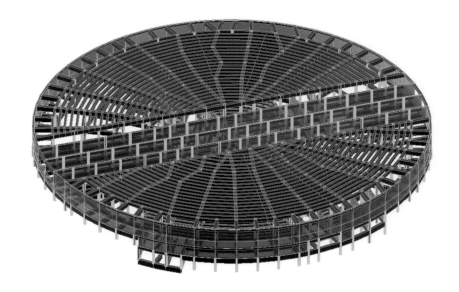

图 8.31 PKPM 2010
整体分析模型

利用 Revit 创建的 BIM 结构模型，通过接口软件导入结构分析软件生成结构分析模型，添加荷载、边界条件等信息后进行计算分析，生成结构构件内力及配筋信息。

4 效果评价

创新性评价

本项目率先在城市轨道交通及大型地下空间领域进行了 BIM 技术的广泛应用，相比于同期其他应用项目，具有一定的创新性，具体有以下两点。

① 多专业协同设计，设计成果实时共享。

本项目实现从传统设计到 BIM 设计的转变。本项目的设计复杂性大，而且设计周期短、工期紧，传统设计方式面临难以克服的瓶颈，存在各专业设计信息交流不畅、数据重复使用率低、项目各参与方沟通困难等问题。通过完成从二维协同设计到三维协同设计的转变，本项目设计各专业内和专业间配合更加紧密，信息传递更加准确有效，重复性劳动减少，最终实现设计效率的提高。

②　BIM模型结合仿真模拟的创新应用。

本项目中不仅建立了满足设计、施工需求的高精度BIM模型，同时利用BIM模型进行各项仿真模拟应用，优化了设计方案，提前发现了施工过程中可能会出现的问题。通过交通模拟，在设定同样的车流量及延迟限制的情况下，对比现状和设计方案完成后的交通情况，方案地面交通拥堵情况大为改善，验证了线路设计的合理性。通过对三条地铁线的进出站客流、线间换乘客流、过街客流、商业客流进行模拟分析，对站点平面布局、紧急疏散等进行评价与优化。利用BIM模型进行排烟模拟，研究室内外温差对自然排烟的影响，模拟工况下各项火灾参数满足人员疏散要求，为规划综合体内的疏散路径提供了决策依据。

社会经济效益评价

在本项目中使用BIM技术，建立了建设工程和城市环境的友好关系，提高土地资源利用率，营造以人为本、健康高效的高质量工程微环境，带来了巨大的社会效益。利用BIM技术让社会各阶层、业主等相关单位对接时，非常形象、直观，可以三维一体、透视化、多角度化、精细化、节点化地对接设计、施工过程，并进行全方位展示。本项目作为铁四院集团公司BIM试点项目，不仅达到了人员培养的目的，还能使项目人员的协同能力得到大幅提升，从而提高其管理能力。从设计到施工的过程中，利用BIM技术进行设计交底，加强工程施工的科学管理和技术创新，最大限度地减少资源浪费，减少施工对环境的负面影响，实现绿色施工。BIM技术的应用，能够展示新型设计及管理工具在传统工程建设中发挥的重要作用，能够提升工程质量和品质，塑造良好的企业形象。

另外，本项目中使用BIM技术，带来了巨大的经济效益。首先，本项目创建了一个单一工程数据源，实现了项目各参与方之间的信息交流和共享，从根本上解决了项目各参与方基于纸质介质方式进行信息交流形成的"信息断层"和应用系统之间的"信息孤岛"问题。其次，在本项目中BIM能够解决二维设计的协同问题，大大提高协作效率，实现不同专业设计之间的信息共享，各专业都可以从信息模型中获取所需的设计参数和相关信息，不需要重复录入数据，避免数据冗余、歧义和错误，现阶段可实现设计碰撞检测、能耗分析、交通分析、客流分析、成本预算等，未来以此为基础可实现虚拟设计和智能设计。再次，在设计、施工过程中，BIM强大的数据能力、技术能力和协同能力，可在资源计划、技术工作和协同管理等方面缩短工期，从而大幅降低融资财务成本。最后，本项目中基于BIM的造价管理，可以精确计算工程量，快速准确提供投资数据，减少造价管理方面的疏漏，有效控制造价和投资。

Chapter 9
科技成果与示范

1 合作单位与模式

武汉光谷广场综合体工程规模庞大、组成复杂，设计建造难度极高，面临着地下交通枢纽功能一体化、复杂地下空间结构安全与抗震、地下高大空间环境品质保障等重大技术难题。为攻克特大型复杂地下交通枢纽功能一体化、安全快速建造、安全绿色运行三方面技术难题，我院作为项目总体设计单位，牵头联合施工单位和科研高校，立项 5 项科研课题开展针对性研究。

①《光谷广场综合体工程 BIM 技术设计应用研究》（2016K092）：针对常规手段难以解决复杂地下交通枢纽设计和功能保障的难题开展研究，研发全过程、多要素、全专业协同 BIM 设计系统。

②《武汉光谷综合体地下大空间建造关键技术》（ZT1112015-007B）：针对超大型复杂基坑施工工法、地下大空间 BIM 可视化建造技术等方面开展研究。

③《复杂地下空间工程抗震专项研究》（2015K29）：针对大尺度复杂地下空间结构抗震分析模型建立难度大、计算效率低、难以快速高效进行抗震分析评价和结构设计的技术难题开展研究。

④《光谷综合体火灾烟气控制研究》（2017K65）：针对超大规模全地下高大空间消防排烟难题开展研究，通过理论分析和仿真模拟研究验证自然排烟的有效性，获取系统安全运行的关键技术参数。

⑤《光谷广场综合体气流组织优化研究》（2017K64）：针对如何满足特大型全地下交通枢纽环境舒适、绿色节能的功能目标开展研究，并力图研发形成一整套适用于此类工程的规范化环控设计方法。

我院作为项目设计单位总体牵头，联合施工单位和科研高校，针对本项目的重大技术问题，发挥各自技术优势，联合攻关、系统集成，进行了一系列开拓创新。

① 总体设计单位通过国内外调研，吸收国内外设计施工的成功经验，历时近一年的全面系统研究，基于实现最优交通功能的目标，运用 BIM 技术进行全过程、多要素、全专业协同设计、方案研讨和优化，提出了以三环层叠、多线放射为基本形态的城市中心综合交通一体化解决方法，创造了地下三层空间内五条交通线路立交方案和地下高架车站的全新建筑形式，实现了交通功能最优化和资源利用集约化，为项目提供了最优设计方案。

② 设计单位与施工单位联合攻关，创新了城市中心超大型复杂基坑基于先期结构承载的分区建造工法，研发了地下大空间 BIM 可视化建造技术，运用 BIM 技术进行全过程可视化施工组织模拟和优化，解决了城市中心节点复杂环境下大型地下交通枢纽安全、快速、智能建造的难题。

③ 设计单位联合高校共同研究开发了基于有限元软件的混合建模技术，提出了适用于超大尺度复杂地下结构高效抗震分析评价的弹性空间反应位移法，取得软件著作权 2 项，成功解决了大型复杂地下空间结构无法高效进行抗震分析评价的难题。

④ 设计单位联合高校进行科研攻关，通过系统理论分析和仿真模拟验证，研发了全地下高大

空间自然排烟和气流组织关键技术，低成本、高效果地实现了全地下高大空间正常运行工况的自然采光通风和火灾工况下的全自然自动排烟；首创地铁车站轨行区自然排烟、排热兼隧道通风系统，开发了提升设备多维度故障预测与健康管理系统，保障了超大客流条件下工程畅通、安全、智慧、绿色运行。

通过与施工单位和科研高校的产研结合，解决了项目的重大科学技术难题，在项目技术开发中培养了多名硕士和博士，形成了高水平的科技人才队伍；在工程建设和运营期间，上百个国内外行业团队前来参观调研，提升了合作各方的行业影响力，促进了行业技术发展。

2 科研成果

复杂地下空间抗震专项设计研究

1. 研发了超大尺度复杂地下工程荷载－结构模型和地层－结构模型的高效抗震分析建模技术

针对大尺度复杂地下空间结构抗震分析模型建立难度大、计算效率低的问题，提出了基于场地地质条件的土弹簧模拟地下结构与周围土体相互作用的荷载－结构建模方法，采用基于有限元软件 Midas、ANSYS 和 ABAQUS 的混合建模技术及其模型有效性评价策略，开发了快速建模软件，可实现节点单元的高效导入、土弹簧边界的批量自动化生成和多工况荷载组合的自动转换（图9.1）。

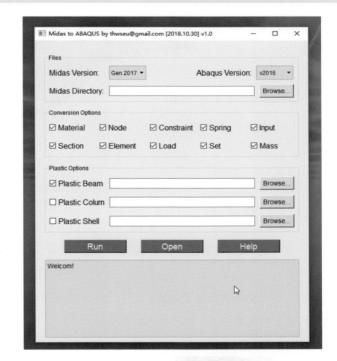

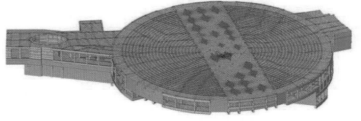

图 9.1 混合快速建模软件与复杂地下空间结构模型

2. 提出了适用于超大尺度复杂地下工程结构快速抗震分析评价的弹性空间反应位移法

针对大尺度复杂地下结构形状不规则、空间效应明显而无法快速高效进行抗震分析评价的难题，提出了适用于复杂地下工程快速抗震分析评价的空间反应位移法，基于光谷广场综合体工程，使用一维场地地震反应分析方法确定三维地下结构承担的土层相对位移、加速度作用和层间剪力，并将此三项作用施加于三维荷载－结构有限元模型。通过与弹性时程分析结果对比，验证了空间反应位移法可实现对于构件内力计算的较高精度（图 9.2），以及用于复杂地下工程结构构件内力快速评估的有效性和实用性，如单条地震波计算耗时由以前 12 小时减少为 2 小时。

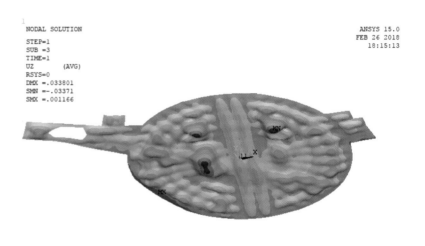

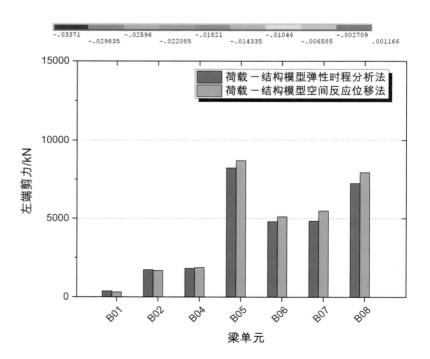

图 9.2 空间反应位移法计算结果及对比

3. 研发了结构构件批量设计软件，自动高效进行大规模构件批量设计

针对复杂地下工程规模大、结构构件庞杂而难以快速进行构件承载力、配筋计算和裂缝验算的难题，开发梁柱批量设计软件，支持从结构分析软件计算结果中批量读取构件设计信息和内力，自动进行构件承载力、配筋计算和裂缝验算，自动导出计算书和配筋表，实现大批量结构构件的快速设计（图9.3）。

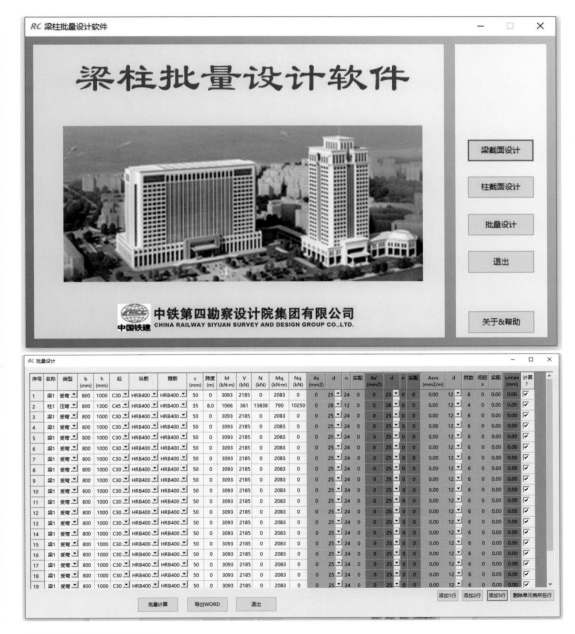

图 9.3 结构批量自动设计软件

复杂地下综合体火灾烟气控制研究

为了营造宜人的地下空间，光谷广场综合体采用大跨度、高空间，并采取下沉庭院、采光天窗等设计手段，将阳光引入地下空间，同时实现与周边各地块的连通，形成了超大规模的地下一层公共区（面积约 34000m²，体积约 300000m³，相当于 10 个标准地铁站）。为满足地下一层公共区防排烟要求，设计需达到的总排烟量约为 2070400m³/h。光谷广场综合体设计远期客流高峰小时达到 8.8 万人，如何保证在火灾等紧急情况下如此庞大的客流疏散的安全也是本工程亟须解决的一个重大课题。

为解决排烟量巨大及确保庞大客流疏散安全问题，利用火灾模拟软件 FDS 对光谷广场综合体地下一层高大空间火灾烟气运动特性进行研究，并验证自然排烟的可行性，得出最佳装修吊顶镂空率。通过对 8 个典型火源位置进行模拟分析，光谷广场综合体不同位置发生火灾时，站厅和站台人员高度处温度、能见度、CO 浓度等参数均能满足人员安全疏散要求，烟气能够有效排出。综合考虑夏季热障效应、环境风作用等因素下人员可用安全疏散时间，满足人员安全疏散要求，验证了该地下高大空间利用顶部采光带作为自然排烟窗，在火灾时能将烟气有效排出，且能为人员疏散提供安全环境。建议吊顶镂空率应大于 33%，且顶部排烟窗采用对开形式，以确保烟气有效排出和人员安全疏散。

1. 首创地下高大空间基于顶部运用自然排烟技术、底部构建疏散救援通道的立体安全保障体系

城市中心密集区超大型地下综合体埋深大、空间广、对外出口少，且集交通枢纽与商业开发于一体，人员密集、地面交通拥挤，一旦发生火灾或其他突发事件，逃生时间长，救援困难，后果严重。通过理论分析和客流仿真模拟，对超大型地下综合体进行分析研究，得出人员安全疏散必需时间为 1004s，提出了火灾报警及消防联动设备的最佳响应时间；系统研究了各种火灾工况下烟气蔓延及扩散规律，验证了地下高大空间利用顶部采光带进行自然排烟的可行性，首次得到了自然排烟技术的关键参数（对开窗形式、吊顶镂空率不小于 33%），保障了人员疏散时温度、能见度及 CO 浓度均在安全范围内。通过利用顶部采光带作为自然排烟窗，构建了横向以环形避难走道、周边下沉庭院对外延展，竖向以交通核心筒、防烟楼梯间对内提升相结合的立体疏散救援体系，实现了地下高大空间火灾工况下的全自然自动排烟和正常运行工况的自然采光通风，低成本、高效率，有效保障了城市中心超大型地下综合体的运营安全。

2. 首创地铁车站轨行区自然排烟、排热兼隧道通风系统

充分利用工程中地下大厅高架站台形成浅埋车站的特点，首次研发了地铁车站轨行区自然排烟、排热兼隧道通风系统，取消了车站的排热风道，突破了传统轨顶风道施工复杂、不通透、不经济的难题。正常工况时，利用列车在隧道内运行产生的活塞效应，排除车站轨行区积聚的热量，

实现对车站隧道的通风换气，达到降温除湿的目的，确保正常工况时隧道内新风量、人员舒适性及温湿度的要求；当轨行区内发生火灾时，天窗自动打开进行自然排烟，满足隧道内火灾时的安全疏散及排烟要求，有力保障了地铁隧道通风系统高效、绿色运行（图9.4）。

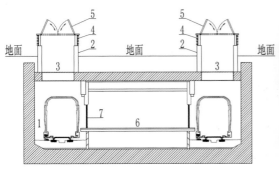

图 9.4 地铁车站轨行区自然排烟、排热兼隧道通风系统

地下高大空间气流组织优化研究

光谷广场综合体工程地下一层为城市共享大厅，既有三线地铁换乘，又兼具过街通道功能，客流量巨大（高峰小时进出站客流量达到88371人次）。大跨度、高空间、多变的空间组合形式，使地下一层上部既有南北向的市政公路隧道和地铁车站横跨，下部又有东西向的地铁区间隧道贯穿；市政公路隧道及地铁区间对地下一层空调系统设计的影响，不但体现在结构复杂方面，而且隧道内温度的取值对空调负荷的影响也没有相关的标准。自然采光天窗的设置极大地改善了地下一层的光环境，降低了室内的照明能耗，同时也增加了透过玻璃天窗的太阳辐射热，进而导致了空调负荷的增加。下沉庭院的设置实现与周边各地块的连通，但同时也带来了无组织渗透风的影响；架空站台层（9号线站台）屏蔽门系统的空调负荷在不同时段又存在差异。因此，上述多元复杂边界条件对通风空调系统冷负荷的确定带来巨大挑战。

为确保空调负荷计算的准确性，本工程通过建立多元复杂边界条件下空调负荷计算模型，采用数值模拟技术，对自然采光天窗、下沉庭院无组织渗透风、地下站厅高架站台（9号线站台）的屏蔽门系统、市政公路隧道及地铁区间传热等多种因素对空调负荷的影响分别建立模型进行计算；采用光热转化、对流换热及不规则结构传热等计算方法，构建了多元多维复杂空调负荷计算模型，精准计算出不同时刻空调负荷值，发明了吊顶下明装装配式送风装置，保障了多变空间内的空调效果及乘客的舒适度，提升了地下高大空间的环境品质。上述设计优化实施后，每年节省空调和照明能耗约137570kW·h，减少二氧化碳排放量107992.45kg。

1. 构建了多元多维复杂空调负荷计算模型

针对超大型地下综合交通枢纽内部功能分区复杂、空间多变、开敞空间多、无组织渗风量大、净空高及自然采光窗面积大等特点，综合采用光热转化、对流换热及不规则结构传热等计算方法，构建了复杂多元空调负荷热工计算模型，得到了不同时刻空调负荷的动态值，结合数值模拟技术对光谷广场综合体地下一层高大空间气流组织进行模拟分析和优化调整，解决了超大超复杂全地下高大空间气流组织的设计难题，保证了乘客的舒适性要求（图9.5）。

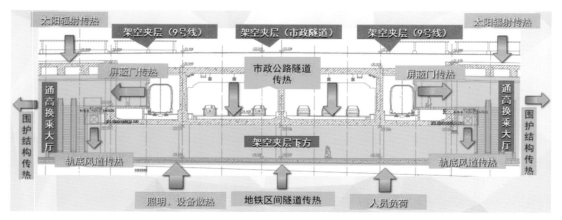

图 9.5 多元多维复杂空调负荷计算模型

2. 发明了吊顶下明装装配式送风装置

为保证多变的空间组合形式的空间效果，创造性研发了地下大厅高架站台夹层（宽度50m）下方公共区域明装装配式送风装置，成功克服全空气空调系统或通风系统中送风口不能明装于吊顶下方、噪声大、送风不均匀及能耗高等一系列弊端，并能够降低风管管道对建筑净空要求，保障了多变空间的效果及人员的舒适性，提升了地下高大空间的环境品质，为高大空间通风空调系统送风形式提供了新的手段（图9.6）。

图 9.6 吊顶下明装装配式送风装置

地下综合体 BIM 技术应用成果

光谷广场综合体是集轨道交通、市政隧道于一体的大型交通枢纽，包含地铁、市政隧道、非机动车过街通道、换乘通道、主变电缆通道等，线路、建筑（含室内装修）、结构（隧道）、暖通、给排水、工经、动力照明、供变电、通号、设备等专业共同参与。光谷广场综合体包含线路众多，空间互相制约，各个方向结构坡度交织，工程结构复杂，建筑模型要求精细，复杂空间更有利于发挥 BIM 软件的优势，提高设计效率及设计质量。在项目设计阶段开展相关专业的 BIM 技术应用，通过建立全专业 BIM 模型，基于模型开展交通疏解模拟、客流模拟、光热烟气模拟、深化设计、三维交底等，对方案合理性进行科学验证，为后续的工程实践形成了强力指导。

1. 建立了复杂地下综合体多专业 BIM 模型

基于倾斜摄影技术，对光谷综合体地面环境进行采集，并和三维地质模型进行整合，形成完整的场地模型，对设计方案的稳定和优化提供三维环境基础。设计人员建立了建筑、结构、暖通给排水、机电、系统设备等全专业模型，专业参与广泛，成果全面丰富且具有深度。建模过程中采用工作集 + 链接的方式进行协同建模，创新协同工作模式，在提升建模效率的同时，确保各专业间的模型可以相互参照，及时发现设计上的"错、漏、碰、缺"，减少后期返工（图 9.7 ～图 9.10）。

图 9.7 光谷广场综合体周边环境模型

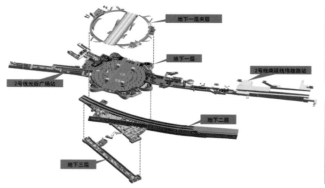

图 9.8 光谷广场综合体建筑 BIM 模型

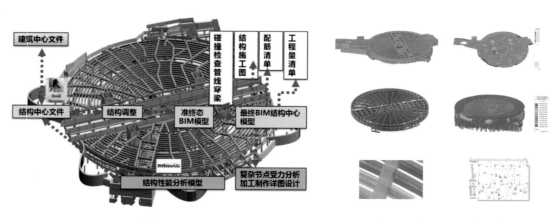

图 9.9 光谷广场综合体结构 BIM 模型

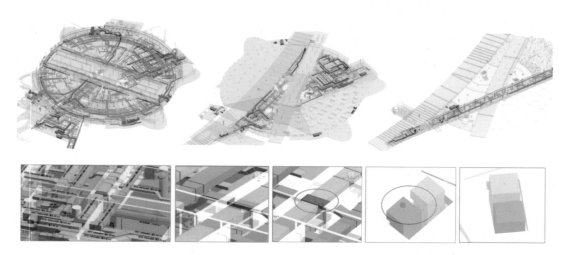

图 9.10 光谷广场综合体机电 BIM 模型

2. 展开了多方向多层次的 BIM 技术应用研究

在项目中开展各类 BIM 技术应用，不断优化设计方案，验证方案的合理性。在方案前期，进行地面交通模拟和可视化方案比选，对比现状和设计方案完成后的交通情况，对车流量、延迟情况进行量化对比，验证交通设计的合理性，辅助线路方案决策。在设计阶段，搭建综合体内地铁车站、市政隧道、地下空间建筑、结构、机电模型以及三维综合管线模型，基于模型并结合各项模拟软件对综合体内行人流线、逃生疏散、采光通风、烟气排放等各项性能指标进行模拟和优化，进一步优化设计方案，提高其科学性。在施工单位的配合下，利用设计输出的 BIM 模型进行施工场地的布置和施工模拟，指导后续施工（图 9.11）。

交通模拟

客流分析

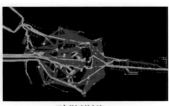
疏散模拟

关键性工法模拟

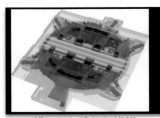

排烟及气流组织模拟

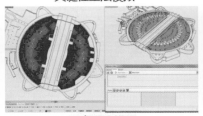
天窗采光模拟

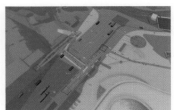
行人及非机动车模拟

图 9.11 光谷广场综合体仿真优化设计

3 学术论文与专利

基于本项目成果，已发表的学术论文及授权的专利，见表 9.1、表 9.2。

表 9.1 学术论文清单

序号	论文名称	期刊名称	是否为SCI/EI	作者/单位	发表日期	论文资助项目编号
1	*Simulating Air Distribution and Occupants' Thermal Comfort of Three Ventilation Schemes for Subway Platform*	*Building and Environment*	是（SCI）	Liu C/ Xian University of Architecture and Technology	2017-08	—
2	*Smoke Confinement with Multi-Stream Air Curtain at Stairwell Entrance*	*Procedia Engineering*	是（EI）	Luo N/ Xian University of Architecture and Technology	2017-09	—
3	*The Effect of Heat Release Rate on the Environment of a Subway Station*	*Procedia Engineering*	是（EI）	Lei W/ Shandong Jianzhu University	2017-10	—
4	*Design and Construction of Subway-municipal Underground Complex*	*World Tunnel Congress*	否	Zhou B/China Railway SIYuan Survey and Design Group Co., Ltd.	2020-05	—
5	《光谷广场综合体方案设计论证》	隧道建设（中英文）	否	洪静/中铁第四勘察设计院集团有限公司	2018-03	—
6	《武汉光谷广场地下交通综合体设计创新与思考》	隧道建设（中英文）	否	熊朝辉/中铁第四勘察设计院集团有限公司	2019-09	—
7	《超大型复杂地下综合体工程结构设计研究》	城市轨道交通研究	否	周兵/中铁第四勘察设计院集团有限公司	2020-05	—
8	《城市中心超大超深异形基坑工程综合修建技术研究》	隧道建设（中英文）	否	周兵/中铁第四勘察设计院集团有限公司	2021-07	—
9	《顶板开洞断面地铁车站的弹塑性地震响应参数化分析》	特种结构	否	周兵/中铁第四勘察设计院集团有限公司	2020-03	—
10	《超大型复杂综合体抗震性能的三维动力时程分析》	《工业建筑》2018年全国学术年会论文集（中册）	否	周臻、周兵、田会文、谢婷蜓、薛荣乐/东南大学混凝土及预应力混凝土结构教育部重点实验室东南大学；中铁第四勘察设计院集团有限公司	2018-06	国家自然科学基金资助项目（51208095）
11	《大型复杂城市地下综合体总体设计探讨》	铁道建筑技术	否	周兵/中铁第四勘察设计院集团有限公司	2020-03	2016YF0802205
12	《新建地下大空间连通接驳接口处理措施》	铁道建筑技术	否	孙浩林/中铁十一局集团有限公司	2019-11	2018YFC0808703

序号	论文名称	期刊名称	是否为SCI/EI	作者/单位	发表日期	论文资助项目编号
13	《大型综合体深基坑分期开挖关键技术》	铁道建筑技术	否	孙浩林/中铁十一局集团有限公司	2019-09	2018YFC0808703
14	《大型深基坑开挖对紧连既有地铁隧道及周围地层的影响研究》	铁道建筑技术	否	李效峰/中铁十一局集团第一工程有限公司	2017-12	—
15	《武汉光谷广场综合体全地下高大空间自然排烟可行性研究》	暖通空调	否	邱少辉/中铁第四勘察设计院集团有限公司	2019-06	—
16	《武汉光谷广场综合体工程建筑方案设计》	第十七届中国科协年会—综合轨道交通体系学术沙龙论文集	否	王旭东/中铁第四勘察设计院集团有限公司	2015-05	—
17	《BIM技术在特大地下交通枢纽设计中的应用》	铁路技术创新	否	夏东、甄建、谭子龙/中铁第四勘察设计院集团有限公司	2019-01	—
18	《BIM技术在大型城市交通综合体工程中的应用》	工程技术	否	柯尉/中铁第四勘察设计院集团有限公司	2018-02	—
19	《大型地下空间基坑围护结构设计》	城市建筑	否	谢婷蜓/中铁第四勘察设计院集团有限公司	2017-09	—
20	《市政基坑砼支撑梁微差延期爆破拆除技术》	铁道建筑技术	否	梁水斌/中铁十一局集团第一工程有限公司	2021-03	2018YFC0808703

表 9.2 授权专利、软件清单

序号	名　称	状　态
1	分区施工的施工缝结构以及施工方法	发明 / 授权
2	横跨基坑的管线原位悬吊保护结构	发明 / 授权
3	有吊板梁的地铁车站侧墙外包防水施工方法	发明 / 授权
4	基坑围护结构缝隙预处理施工方法	发明 / 授权
5	一种风系统易调节均匀分风装置	发明 / 授权
6	一种实现均匀送风的静压箱	发明 / 授权
7	一种基坑分区支护结构	实用新型
8	局部深坑抗浮结构	实用新型
9	一种大型地铁车站基坑施工喷淋降尘装置	实用新型
10	一种适用于地下结构工程的堵排结合防水装置与方法	实用新型
11	抗拔桩桩头节点防水结构	实用新型
12	地铁车站轨行区自然排烟、排热兼隧道通风系统	实用新型
13	一种用于通透性吊顶的自动喷水灭火装置及系统	实用新型
14	一种地铁车站组合式出入梯	实用新型
15	一种地铁车站公共区离壁构造墙	实用新型
16	一种吊顶下明装装配式送风装置	实用新型
17	基于 Revit 的铁路全生命周期的族库管理系统	软件著作
18	基于 Midas 混合建模软件 MidasTool	软件著作
19	Abaqus 混凝土单轴滞回本构软件 AbaConc	软件著作
20	梁柱批量设计软件 V1.0	软件著作
21	轨道交通自动扶梯全过程智能辅助设计系统 V1.0	软件著作
22	基于 BIM 的电梯参数化三维智能成图软件	软件著作
23	轨道交通电扶梯故障预测与健康管理系统 V1.0	软件著作

4 工程借鉴

武汉二七路过江隧道

二七路过江通道（解放大道—沿江大道段）工程位于解放大道与二七路站交叉口，为武汉地铁 10 号线二七路站与越江公路隧道合建的预埋工程，其中二七路站与既有 1 号线及规划 14 号线采用通道换乘的形式，车站沿着规划二七路东西向布置，车站段外包长度 245m，区间段长度 303m，车站为地下三层双柱的岛式站台车站，区间段为地下五层的箱形框架结构，小里程端预留 10 号线盾构接收条件，大里程端为市政公路隧道的越江区间的盾构始发井，同时预留后期武汉地铁 10 号线越江盾构接收条件。

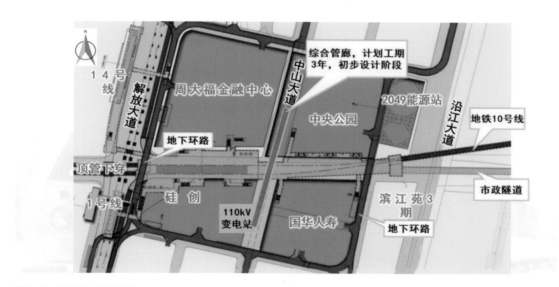

图 9.12 项目周边环境概况

车站段标准段宽度约 43.4m，借鉴光谷广场综合体的实践经验，车站与二七路过江市政隧道合建，地下一层为站厅层，地下二层为市政隧道层，地下三层为站台层，车站埋深为 34 ~ 35m，顶板覆土厚度 1.4 ~ 4.2m，顶板上方布置有规划的地下环路及综合管廊，车站设置有 9 个出入口，6 组风亭；区间段宽度 29 ~ 50m，其中负一层为地下物业开发层，地下二层为设备夹层，地下三层为市政隧道左线层，地下四层为市政隧道右线层，地下五层为地铁 10 号线区间层，区间段埋深为 35 ~ 48m。

结构最大跨度将近 19m，且框架与箱形结构在地下环路与公路隧道及地铁车站交叉部位的巨大竖向荷载作用下存在受力转换（图 9.13、图 9.14）。

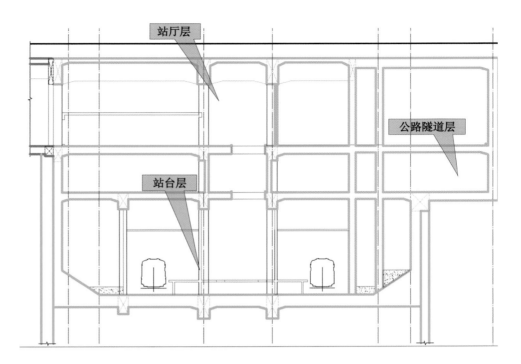

图 9.13　A 区主体结构横断面

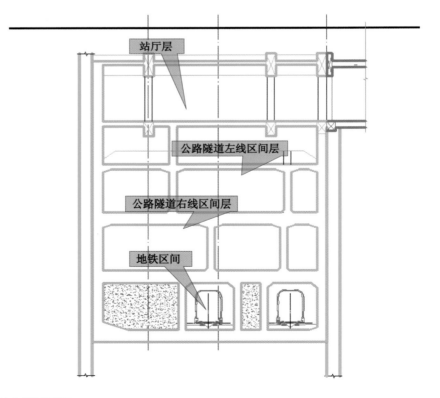

图 9.14　B 区主体结构横断面

武汉地铁 10 号线二七路站为国内第二个越江公路隧道与地铁车站"公铁合建"的地下工程，借鉴光谷广场综合体工程的空间布局和建设实践，采用了公路隧道、地下环路、地铁车站、地下物业开发竖向叠层交叉的"公铁合建"结构形式，竖向受力构件在超大跨的结构体系下进行受力转换，实现了土地资源的集约利用和多重功能复合的地下空间开发。

武汉地铁 12 号线武昌火车站

武汉地铁 12 号线武昌火车站位于国铁武昌火车站东广场，总建筑面积 39070m²，车站外包总长约为 307.9m，标准段外包总宽约为 24m。车站北端区间线路与既有 4 号线梅武区间（负 2 层深度）、11 号线武复区间（负 3 层深度）相交，按照常规设计方案，12 号线需设置在负 4 层深度下穿 4 号线和 11 号线区间，12 号线武昌火车站将设置为地下四层车站，工程规模大，施工风险高工程投资大（图 9.15）。

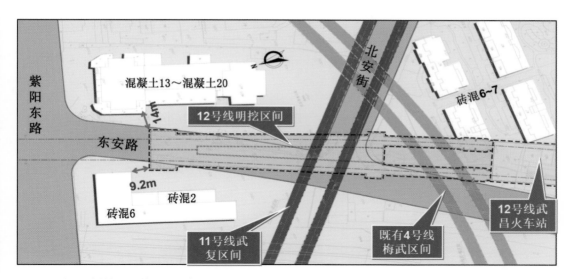

图 9.15 武昌火车站与 4 号线、11 号线平面关系

借鉴光谷广场综合体的倒厅车站技术，12 号线武昌火车站采用站台层在上、站厅层在下的新型布局方式，使得 12 号线区间线路相应设置在负一层深度上穿 4 号线与 11 号线区间，与地下 4 层方案相比，显著降低了工程规模、施工风险和工程投资。

车站设计为地下二层 + 局部地上三层岛式倒厅车站，其中地面一层为地面站厅层、地上二层为地铁设备区、地上三层为物业开发层；地下一层为站台层，地下二层为站厅层，付费区通过换乘通道与 11 号线地下二层连通。独特的车站造型结合地下大空间和中庭的设计，使得车站空间开阔，地上、地下站厅的组合也为不同客流提供了便捷的通行方式（图 9.16）。

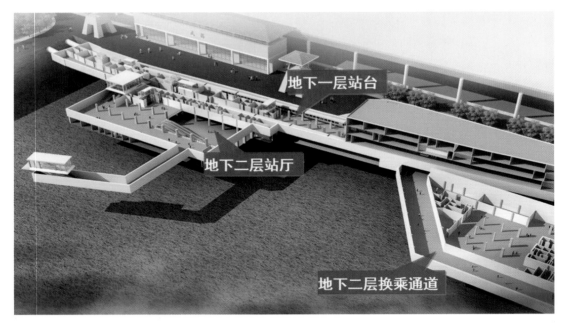

图 9.16　12 号线武昌火车站空间效果

武汉地铁 BIM 设计技术应用

武汉地铁 BIM 技术在设计中的应用分为 3 个阶段：第一阶段是 BIM 技术应用于光谷综合体，总结了一套 BIM 应用方法，为后续的 BIM 工程实践提供借鉴意义；第二阶段是 BIM 技术在武汉轨道交通 5 号线杨园铁四院站的应用，通过对杨园站工程机电设备系统 BIM 正向技术推进，为后续武汉轨道交通设计数字化、可视化积累了宝贵经验；第三阶段是业主单位通过基于 BIM 的地铁设计管理平台进行管理，各专业设计单位上传提交 BIM 可视化成果。

随着武汉地铁云平台的搭建完成，BIM 技术的应用会进入一个新层次：应用领域包括工程设计、施工管理、运营管理；涵盖区域包括车站及其附属建筑、区间、车辆基地（车辆段及停车场）、控制中心；过程包括设计阶段（模型建立）、施工阶段、运营阶段；专业包括建筑、结构、桥梁、区间、车站机电设备（风、水、电）、车辆、系统（通信、信号、AFC、ISCS、FAS / BAS、安检、PSD、供变电系统、接触网、电梯 / 电扶梯、轨道、人防等）。

BIM 技术应用重点解决以下问题：建筑景观和谐；建筑结构空间冲突检查；构筑物预留预埋沟槽孔洞的冲突与完整性检查；车站及区间机电设备及系统管线碰撞检查；车站、区间机电设备及系统设备安装位置冲突及空间合理性检查；施工临水、临电及安防设施辅助设计；施工场地布局辅助设计；文明安全施工标准化设计辅助（含临边防护）；施工材料工厂化制作辅助设计；可视化施工作业讲解与培训；设备及器材信息化录入与完善；数字化竣工移交。

电扶梯健康监测与管理技术应用

为响应国家"智慧车站"建设的需求，彻底改变传统的靠人力巡检的运作模式，利用光谷综合体电扶梯开发的电扶梯健康监测管理系统，能对所管理的电扶梯的运行状态进行实时显示，当电扶梯发生故障或突发事件时，能够及时预警并通知维修管理人员，做到故障提前预防，确保不发生重大安全事故。

1. 电扶梯监测布点方案

自动扶梯的主要的驱动负荷运动部件为电动机、减速器、主驱动轮、梯级链涨紧轮、扶手带等。对自动扶梯故障进行分析，其动力部件的故障主要发生在轴承上，这些部件的运动属于旋转机械，可以采用旋转机械故障智能诊断监测的方法，对轴承进行在线监测，其原理是通过对轴承运动过程中振动信号的采集，对信号进行模数转换，用计算机对信号进行运算处理，提取故障特征信号，实现对轴承故障的智能诊断监测。目前，在工程实践中，旋转机械故障智能诊断技术较为成熟的方法是进行快速傅立叶变换，将振动信号从时域变换到频域，对振动频率进行分析，提取故障频率，从而判断轴承的故障原因。

同理，通过加装传感器，监测电梯的供电电压、电流、安全回路、厅门、轿厢门、上下行、主机、运行接触器、抱闸接触器、钢丝绳等的运行状态，可实现对垂直电梯的运行状态的监控与故障判断（图 9.17、图 9.18）。

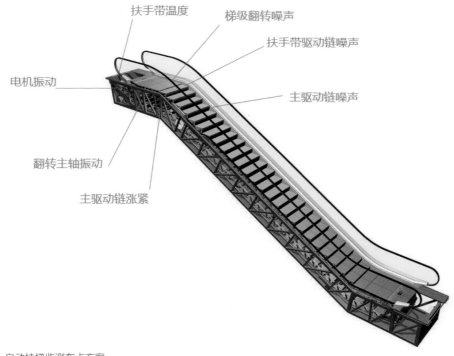

图 9.17 自动扶梯监测布点方案

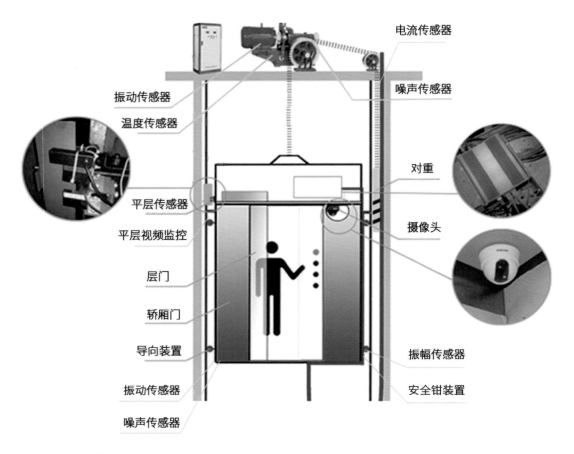

图 9.18 垂直电梯监测布点方案

2. 健康状态及故障预警平台

健康状态及故障预警平台主要对基于物联网硬件采集并上传到平台的传感器的温度、噪声、振动、位移等相关数据进行分析，实现故障的诊断及预警，并进行相应的决策。

平台利用信息融合技术对自动扶梯故障进行诊断，实时输出电扶梯运行状态数据，采用科学的建模方式，智能化地判断自动扶梯的实时运行状况、故障产生原因和具体解决方法。同时，通过深度学习的方式不断完善故障模型，以达到提前预测故障的目的，并能针对设备不同物理量进行分类显示，根据设备长时间运转情况分析设备的健康管理程度（图 9.19、图 9.20）。

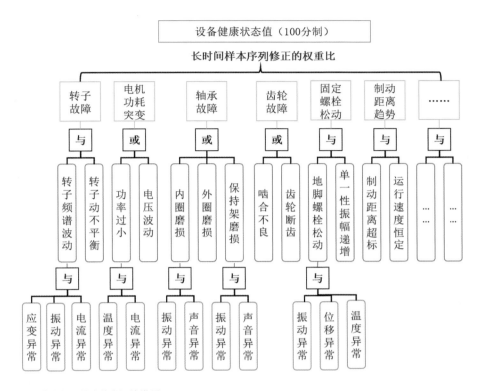

图 9.19 设备故障诊断及健康状态评价模型

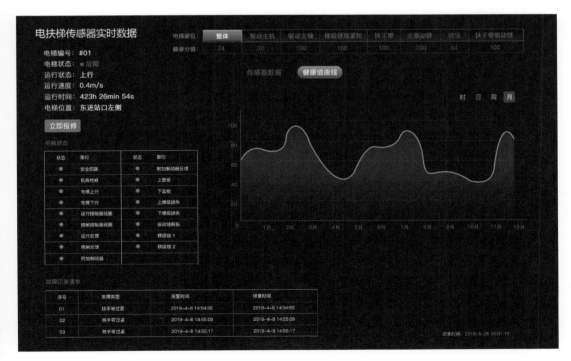

图 9.20 设备健康值管理界面

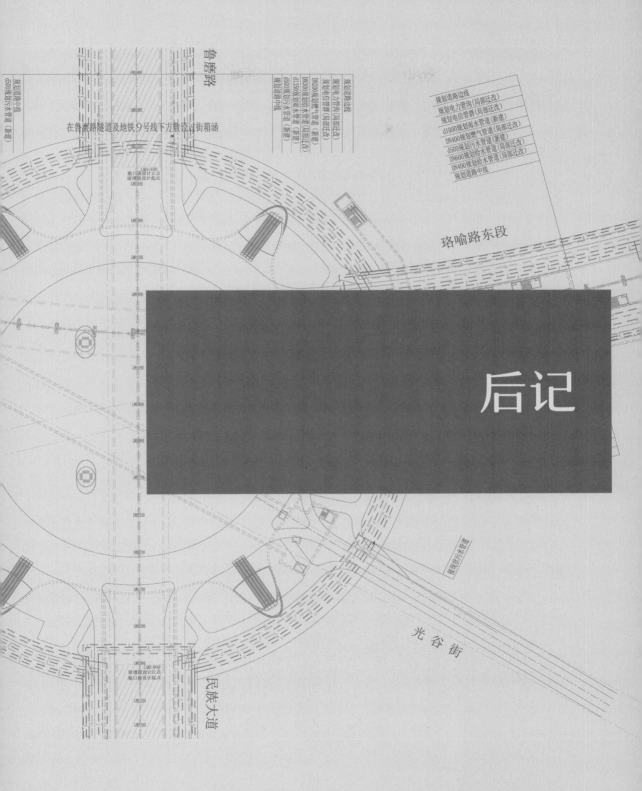

鲁磨路

在鲁磨路隧道及地铁9号线下方敷设过街箱涵

规划道路边线
d600规划污水管道（新建）
规划道路中线

规划电力管沟（局部迁改）
规划电信管群（局部迁改）
DN200规划燃气管道（新建）
d1380规划给水管道（局部迁改）
d600规划雨水管道（新建）
规划道路中线

规划道路边线
规划电力管沟（局部迁改）
规划电信管群（局部迁改）
d1000规划雨水管道（新建）
DN400规划燃气管道（局部迁改）
d500规划污水管道（新建）
DN600规划给水管道（局部迁改）
DN400规划给水管道（局部迁改）
规划道路中线

珞喻路东段

光谷街

民族大道

后记

1 背后的故事

方案形成

光谷广场由于历史原因形成 6 条道路放射汇集于一处的格局，导致交通拥堵严重，一直是武汉市道路交通的痛点。该处交通规划早已形成，但鉴于规划复杂工程庞大，迟迟未能启动。2010年左右，专业开发城市广场地下空间的香港某公司团队提出了地下七层的规划方案，铁四院技术团队在地铁业主单位指导下，优化完成了地下 4 层规划方案。2014 年，武汉地铁 2 号线南延线工程隧道建设必须下穿光谷广场转盘，从而推动了光谷综合体项目的进程。方案研究伊始，设计团队重新推荐的原地下 4 层技术方案遭到周少东总经理"设计没有动脑筋"的批评。经过多轮协商，东湖新技术开发区管理委员会和武汉地铁集团有限公司就"在光谷广场转盘下的开发空间不考虑任何商业设施"方面达成了共识，进一步锁定了设计条件。

设计团队来回进行了 2 个月的方案研究、100 多种技术组合，周兵汇报时一度出现方案记忆混淆的情况：一是该枢纽各类人流多、组织困难；二是地铁、道路等工程间关系布局要求高、处理难。随着研究的深入，项目组摸索出"同向归并，异向立交"的思路，但始终未能完成一个满意的方案。2014 年 4 月，我有幸随刘玉华、姚春桥两位领导考察了日本和迪拜两地的轨道交通，受异国工程理念启发，研究方案时灵感一现，提出了如今的方案组合思路，后经各专业逐项落实，得以成形。

蝴蝶结布局

由于地铁 2 号线南延线工程的区间隧道要从光谷综合体中穿越，且 2 号线南延工程 2018 年底开通，开通之前需要提前"洞通"以开展综合联调工作，最保守估计也要在 2018 年 6 月洞通，也就是要求在光谷综合体转盘空间中的南延线区间隧道工程必须完成结构施工，而此时光谷综合体工程还没法完成主体结构。这对于庞大的光谷综合体工程施工组织，是一个巨大的挑战，关键在于光谷广场汽车流量巨大，地下管线异常密集复杂，如何保证 2 号线南延工程试运营工期，需要严谨的分析筹划。

经验丰富的林文书副总经理提出，蝴蝶结布局施工组织方案可能是解决施工组织难题最有效的方法。在交通异常繁忙的情况下，利用光谷转盘中心绿化区域布设施工场地，在直径 200m 的圆形地带根据交通组织的调整分区域施工，实践证明，蝴蝶结式的施工组织成功了。

意想不到的网红打卡地

地铁 2 号线建设洪山广场地铁车站时，曾因地铁功能需要对当时的景观造型进行调整而引起社会关注。光谷广场综合体地面景观规划设计时曾提出恢复原张拉膜方案，但目前采用的雕塑造型方案确实很难割舍。令人瞠目的是，我第一次接触"网红打卡"新名词，还是从这项漂亮的景观工程开始的。同时，我对城市新地标这个名词，有了全新的理解和认识，城市不仅需要基础建设，精神层次的文明可能更为需要。就这样，现代的广场雕塑替换了曾经流行的张拉膜，并没引起舆情，这可能是新雕塑更现代、更符合光谷年轻人审美的原因。

2 思考

光谷综合体项目可理解为是一项城市现代化交通枢纽节点建设与商业的复合工程；是一座庞大的地下开放友好共享空间；是一座日总客流 33.7 万人次的三线换乘地铁车站；是一座日客流 40 万～ 50 万人次的连接各象限地下连通节点工程；是一项城市道路立交隧道工程；是一项 16 万平米大型地下商业综合体项目。

该项目因为创新工程而被央视创新节目连续 3 天结集报道，获得多项设计或科技创新奖项，是我国地下工程技术发展的一个代表性作品。同时，得益于城市规划部门的控制和战略眼光，得益于武汉地铁集团有限公司和东湖新技术开发区管理委员会政府对项目认知的一致性，得益于时代技术发展水准。

1. 快进快出

城市核心三线地铁换乘一直是业内工程处理难题，总客流约 8.1 万人次 / 时，换乘客流 4.24 万人次 / 时，进出站客流 3.84 万人次 / 时，节假日客流更多。设计时首先考虑的是客流组织，特别是灾害状态下客流疏散。因此，围绕着客流组织，方案构思达 2 个月，主要涉及 3 座车站关系的组合研究，总共提炼出超过 100 种平面布局，但仍不理想。

2. 注重受众心理与大尺度空间营造

地下工程因为投资巨大，建设效果给人以低矮、狭窄的感受，特别是地下空间集聚了大量人群时，对乘客心理会产生非常不好的影响，工程师对地下环境的处理也要求宽敞。因此，高大空间与自然光引入的建筑环境营造非常重要。转盘内"金、木、水、火、土"五个出入口露天设置，便于逃生；顶部电动玻璃天窗引入了阳光，给人安全感。转盘之外区域，利用货运通道，营造室外庭院，则是另一种安全手法。

3. 同向通道归并 + 异向通道立交

将转盘区域地铁和车行通道归并处理，可最大限度减少地下工程深度，简化交通组织，是工作过程中非常重要的一个心得。

4. "1+2"立体换乘客流组织和反岛式站台

将 11 号线车站与 9 号线车站立体重叠布设，利用 2 号线车站站厅层作为所有客流交换主平面，是合适本项目最理想的处理方式。而 9 号线反岛方案因地面环岛可提供疏散条件而成为可能。反岛站台技术是城轨设计中的禁区，但在具备一定环境条件的时候，反岛式车站布设，可以发挥令人意想不到的作用，我们的团队在 12 号线武昌火车站工程中又重演了一次。

创新与亮点

与创新的评价相比，我们更认为这是一项充满设计激情与创意的作品，精妙之处在于将地下一层大厅在地下工程最上部的惯性思维进行了调整，降低地下一层大厅绝对高程，让9号线站台位于地下一层大厅上部空间，有效解决了地下大厅人员快速出地面疏散的问题，同时也解决了庞大地铁换乘客流交叉的问题，不经意间还提升了地下空间品质，一举三得。

文章本天成，妙手偶得之。

高新技术与手段

令我们最兴奋的是BIM引入设计，工作中大家尝试了管线综合、客流与烟气模拟等。虽然BIM技术还处于发展期，但对于大型复杂地下结构的关系表达与信息储存，应用前景远大。

同样令人惊讶的还有电动排烟窗工艺，这也是研究设计方案时非常担心的一个环节：会不会漏水？电动效果可以保证吗？好在工程实施效果非常令人满意。

瑕疵

出入地面部分的自动扶梯缺乏外侧支挡，感谢武汉地铁集团有限公司曾铁梅副总工程师及时发现并及时组织处理补救，使得设计措施得以完善。

3 致谢

感谢铁四院各级领导、同事对本书编制的大力支持！

感谢武汉地铁集团有限公司领导的信任，武汉地铁集团有限公司同仁们对我们工作的支持和帮助！

感谢武汉市规划部门各位同志对我们工作的支持和帮助！

感谢中铁十一局集团有限公司、武汉市政工程设计院有限责任公司、羿天设计集团有限责任公司等合作单位的配合！

感谢编制组成员的辛勤奉献！

感谢出版单位！

4 声明

本书在编著过程中使用了部分图片及文字，在此向这些图片及文字的版权所有者表示诚挚的谢意！由于客观原因，我们无法联系到您。如您能与我们取得联系，我们将在第一时间更正任何错误或疏漏。

参考文献

[1] 于翔，赵跃堂，郭志昆.人防工程的抗地震问题［J］.地下空间，2001（1）：28-32，43-78.

[2] IIDA H, HIROTO T, YOSHIDA N, et al.Damage to Daikai subway station［J］.Soils and foundations, 1996, 36（Special）：283-300.

[3] 林刚，罗世培，倪娟.地铁结构地震破坏及处理措施［J］.现代隧道技术，2009，46（4）：36-41.

[4] 田志敏，陈斌.地下结构的地震震害及其影响因素研究［J］.特种结构，2015，32（3）：84-90.

[5] 朱艳，刘方，蒲清平.大空间建筑消防安全评估［J］.重庆建筑大学学报，2005，27（2）：81-84.

[6] 邱少辉.某超大型全地下高铁火车站防排烟系统设计［J］.暖通空调，2016，46（增刊1）：31-35.

[7] 冯炼，刘应清.地铁火灾烟气控制模式的数值模拟［J］.地下空间，2002，22（1）：61-64.

[8] ZHONG M H, FAN W C.Airflow optimizing control research based on genetic algorithm during mine fire period［J］.Journal of fire sciences, 2003, 21（2）：131-153.

[9] CHOW W K.Simulation of tunnel fires using a zone model［J］.Tunneling and underground space technology, 1996, 11（2）：221-236.

[10] 北京市公安局消防局，中国建筑科学研究院建筑防火研究所.自然排烟系统设计、施工及验收规范：DB 11/1025—2013［S］.北京：北京市城乡规划标准化办公室，2013：4-5.

[11] 杨昀，曹丽英.地铁火灾场景设计探讨［J］.自然灾害学报，2006，15（4）：121-125.

[12] 范存养.大空间建筑空调设计及工程实录［M］.北京：中国建筑工业出版社，2001：1-6.

[13] 朱艳，刘方，蒲清平.大空间建筑消防安全评估［J］.重庆建筑大学学报，2005，27（2）：81-84.

[14] 李安桂，李光华.水电工程地下高大厂房通风空调气流组织及缩尺模型试验进展［J］.暖通空调，2015，45（2）：1-9.